U0946295

决策科学化译丛（第二辑）

方　新 王春法 主编

科学：开放的事业

SCIENCE AS AN OPEN ENTERPRISE

英国皇家学会 （The Royal Society） 著
何巍 王仲成 李振兴 胡志宇 郭东波 译
陈富韬 何巍 校

上海交通大学出版社
SHANGHAI JIAO TONG UNIVERSITY PRESS

内容提要

本书系《决策科学化译丛(第二辑)》之一，通过分析国际知名的数字资源库，如世界蛋白质数据库、英国数据档案、牛津大学研究档案等的建立和运作，探讨了其商业利益与数据权力保护之间的关系，关注了数字革命对决定科学进度和有效沟通科学结果和理解的基本进程的影响，并对这些进程如何适应新近技术和不断演变的公众期待与政治文化提出了可行的建议。

图书在版编目(CIP)数据

科学：开放的事业/英国皇家学会著；何巍等译.—上海：
上海交通大学出版社，2015
ISBN 978-7-313-12147-9

Ⅰ.①科… Ⅱ.①英…②何… Ⅲ.①科技政策—研究—
英国 Ⅳ.①G325.610

中国版本图书馆 CIP 数据核字(2014)第 229034 号

科学：开放的事业

著　　者：英国皇家学会　　译　　者：何　巍　王仲成　李振兴　胡志宇　郭东波
出版发行：上海交通大学出版社　　地　　址：上海市番禺路 951 号
邮政编码：200030　　电　　话：021-64071208
出 版 人：韩建民
印　　制：上海颛辉印刷厂　　经　　销：全国新华书店
开　　本：787mm×960mm　1/16　　印　　张：13.5
字　　数：157 千字
版　　次：2015 年 1 月第 1 版　　印　　次：2015 年 1 月第 1 次印刷
书　　号：ISBN 978-7-313-12147-9/G
定　　价：36.00 元

《决策科学化译丛(第二辑)》编委会

总　　序

20 世纪以来，科学技术迅猛发展，越来越广泛地渗透到社会生活的方方面面，科学、技术与社会之间形成了日益密切的互动关系，科学技术不仅成为公共决策的重要内容，而且越来越多地成为公共决策的基础。大体而言，有两类公共决策同科学技术密切相关。

一是有关科学技术本身的决策。在历史上的很长一个时期，这类决策是由科学家自主进行的。20 世纪尤其是第二次世界大战之后，科学技术发展成为一项规模宏大的事业，极大地影响了工业绩效、人民健康、国家安全、环境保护等各个方面，提高了公众的生活质量，与国家利益密切相关。由此，政府部门和政治家越来越积极地参与相关决策。当代科学技术，尤其是信息技术和生物技术极大和深远地扩大了人类的能力，以至于根本上改变了人的观念，其影响力远大于过去出现的任何技术，也使得滥用这些技术的影响远大于其他技术。因此，公众对这些技术的发展方向、速度和规模表现出深切的关心，要求参与科学决策，而信息技术的发展又使公众进一步参与决策成为可能。这样，如何在政府、科学家和公众三者之间建立起新型的互动关系，共同对这些分散的分布式系统进行决策和管理，日益成为各国政府和科技界关注的热点。

二是以科学技术为基础的决策。在当代,科学技术无处不在,政府进行的绝大多数决策,包括国防、环境、卫生与健康等事关国家目标的领域以及重大工程项目的立项,乃至全球气候变化、反恐、可持续发展等全球治理问题,都涉及科学技术的相关内容,都要以科学为依据进行决策。极而言之,甚至普通公众的日常生活,诸如是否可以食用超市里的食品、垃圾焚毁等等,也都需要依据科学技术的最新成果作出决策。离开了科学技术的支撑,决策科学化就无从谈起。

在这两类决策中,一个共同的突出问题是信息不对称,有关科技发展前景及其对社会的影响的信息多数掌握在科学家手中,决策者往往处于被引导甚至被误导的境地。因此,正确认识专家知识与政治之间的相互作用就成为理解现代决策的关键,而科学咨询,即向科学家征求专业意见也就成为提高决策效率、促进科学决策的关键。

在科学咨询发展的历史上,原子弹的发明和使用是一个重大事件,它不仅打破了科学家在使用他们创造的科学知识方面能够置身事外的神话,而且由此使提供科学咨询逐步发展成为一个普遍的过程。尽管这一过程很少公之于众,也几乎没有受到相应的监督,但它对人们日常生活的影响却与日俱增。随着决策过程更多地需要科技知识提供支撑,决策者对科学咨询也提出了更高的要求。依靠单个专家的分散型传统智囊制度已经难以适应现代社会决策日益增长的需要。于是,人们开始探索决策研究、决策咨询群体之间知识互补和智力互补的群体决策机制,以替代个体决策,提供高质量的科学技术咨询建议,各类智库机构和组织应运而生。在这一过程中,科学家的角色也在发生着变化,从真理的代言人到决策者的幕僚,进而成为决策的参与者。再进一步,为解决科学咨询程序与政治程序之间的矛盾,在政府内部出现了决策者的科学顾问(或顾问机构)这一新的角色,其作用主要是成为决策者与科学共同体之间的纽带和桥梁,既向决策者阐述可信赖的科学建议，也为科学家们参与科学咨询提供政治方面的指导。

在科学咨询发展的过程中，曾经遭到来自两个方面的质疑与批评。一方面，有些人批评决策者在作出决策时没有付出足够的努力去获取高质量的科学建议，或者是有意识地将政治与科学混为一谈，因而呼吁独立的科学共同体应该发挥更为积极的作用。另一方面，由于科学知识的不确定性以及科学家的“经济人”属性，又使得他们可能会从其自身利益出发解读科学知识，特别是科学自治过程中发生的不检现象，例如一些一流研究机构或大学爆出的科学欺诈和不端行为，也使科学自身的信誉遭到破坏，人们开始质疑科学家是否有能力确保科学咨询的可靠性和无私利性，因而要求加强对科学咨询的监管。正是在这样的批评与质疑中，科学与政治的互动不断加强，科学咨询的制度安排与程序设计不断完善，力图在满足公正透明、普遍参与等目标的同时，将政治需求和科学咨询制度化，使之既不有悖于科学道德、科学标准，又不违背政治行为的基本功能和合法性原则。

在经历了半个多世纪的风风雨雨之后，科学咨询在公共决策中的地位已经明白无误地显示出来，而且显得越来越重要。但是，决策咨询毕竟不是决策本身，而且科学技术毕竟只是决策过程中的一个方面，迄今为止它所发挥的作用还是有限的。要真正做到科学决策，需要科学家和科学共同体尽己所知，积极负责地提供独立的咨询意见，不断提高咨询质量，同时也需要从制度上保证决策的科学性，进而促进科学咨询事业的健康发展，而这显然又需要在社会政治框架方面作出更加深入的改革和调整。

受中国科协委托，我们邀请中国科学学与科技政策研究会的部分同仁共同翻译了“决策科学化”译丛。本套译丛选取了当前科学咨询领域较具影响力的著作。这些著作从政治学、社会学、历史学和哲学等不同的学科视角，在理论和实践两个层面对科学家的社会责任、科学咨询的演进过程及制度设计等多方面内容进行了深入探讨。这些著作所体现的理论观点和研究方法，很大程度上反映了西方学术界在这一领域的主流观点和发展方向，虽然每一本独立成书，合起来确也是一个比较系统的整体。我们相信，本译丛的出版对于推进我国决策科学化和科学咨询事业的发展一定会大有助益。

作为本译丛的主编，我们要感谢中国科协调研宣传部的周大亚和马晓琨等同志，得益于他们的大力支持，本译丛才得以面世。感谢上海交通大学出版社的韩建民社长和李广良编辑，他们本着认真负责的态度，以很快的速度出版发行本译丛。更要感谢各位译者的辛勤劳动，他们多是在科技政策领域长期耕耘的学者，在繁忙的研究、教学工作之余，在不长的时间内高质量地完成了所承担的翻译任务，确保本译丛能够按时出版，特别是温珂女士，为本译丛的出版作出了突出贡献。最后，还要衷心感谢广大读者的支持，诚恳欢迎对本译丛的翻译提出宝贵的批评，更切望大家共同努力，推进我国决策科学化的进程。

中国科学院党组副书记　方　新

中国科协书记处书记　王春法

工 作 小 组

参与本书的工作小组成员名单编列如下。工作小组成员在2011年5月～2012年2月间正式开会5次。工作小组的个别成员同时也参与了许多由外界组织的会议。小组成员以个人身份参与本书而不代表任何机构，并对任何潜在的利益冲突进行了声明。小组成员基于个人专长和良好判断力为本项目作出了贡献。

主席

杰弗里·博尔顿（Geoffrey Boulton）——爱丁堡大学地质学钦定名誉教授（英帝国勋章获得者、英国爱丁堡皇家学会会士、英国皇家学会会士）

成员

菲利普·坎贝尔（Philip Campbell）——《自然》杂志主编、博士

布瑞恩·柯林斯（Brian Collins）——伦敦大学学院工程政策教授（蓟花勋位获得者、英国皇家工程院院士）

彼得·伊莱亚斯（Peter Elias）——沃里克大学职业研究院教授（英国司令勋章获得者）

温迪·霍尔（Wendy Hall）——英国南安普顿大学计算科学教授（英国皇家工程院院士、英国皇家学会会士、女爵士）

格雷姆·劳丽(Graeme Laurie)——英国爱丁堡大学法医学教授(英国爱丁堡皇家学会会士、英国医学院院士)

霍诺拉·奥尼尔(Onora O'Neill)——英国剑桥大学哲学名誉教授(英国国家学术院士、英国皇家学会会士、英国医学院院士、女男爵)

迈克尔·罗林斯(Michael Rawlins)——英国国家卫生医疗质量标准署主席(英国医学院院士、爵士)

珍妮特·松顿(Janet Thornton)——欧洲生物信息学中心主任、教授(司令勋章获得者、英国皇家学会会士、女爵士)

帕特里克·瓦兰斯(Patrick Vallance)——葛兰素史克公司药物研发中心主任、教授(英国医学院院士)

马克·沃尔波特(Mark Walport)——英国维康基金主任(英国医学院院士、英国皇家学会会士、爵士)

评审组

在经过一个独立的专家小组评审后,本书获得了皇家学会理事会的批准。作为本书技术性内容和说明的独立审阅人,评审组成员并未被要求赞同报告的结论和建议。评审组成员以个人而不是组织的资格开展工作,并被要求声明任何潜在的利益冲突。皇家学会感谢各位评审专家为此所作出的贡献。

约翰·派西卡(John Pethica)——英国皇家学会副会长、教授(英国皇家学会会员)

罗斯·安德森(Ross Anderson)——剑桥大学计算机实验室安全工程教授(英国皇家工程院院士、英国皇家学会会士)

莱谢克·博里塞维奇(Leszek Borysiewicz)——剑桥大学校长、教授(爵级司令勋章获得者、英国皇家内科医师学会会士、英国医学院院士、英国皇家学会会士)

西蒙·坎贝尔(Simon Campbell)——英国皇家化学学会前副会

长、辉瑞公司前高级副总裁、博士（司令勋章获得者、英国医学院院士、英国皇家学会会士）

布赖恩·劳伦斯(Bryan Lawrence)——雷丁大学天气和气候计算教授、英国科学与技术设施理事会环境数据档案中心主任、教授

黎建辉(Li Jianhui)——中国科学院计算机网络信息中心科学数据中心主任、博士

艾德·斯坦米勒(Ed Steinmueller)——萨塞克斯大学科学政策研究中心教授

科学政策中心工作人员

杰西卡·布兰德(Jessica Bland)——政策顾问

克莱尔·柯普(Claire Cope)博士——实习生(2011 年 12 月～2012 年 3 月)

卡罗琳·戴恩斯(Caroline Dynes)——政策顾问 (2012 年 4 月～2012 年 6 月)

尼尔斯·汉娜(Nils Hanwahr)——实习生 (2011 年 7 月～2011 年 10 月)

杰克· 史蒂高(Jack Stilgoe)博士——高级政策顾问 (2011 年 5 月～2011 年 6 月)

詹姆士·威尔森(James Wilson)博士——高级政策顾问 (2011 年 7 月～2012 年 4 月)

前　言

科学实践

开放式探索是科学事业的核心。各种科学理论(包括作为基础的实验和观察数据)的公开发表,使他人能够发现错误,从而支持、反对或完善这些理论,或者重复使用这些数据进一步探索并获得新知识。科学强大的自我修正能力正是来自于这种开放性,这种直面审视与挑战的开放性。

变革的动力:让智能型开放成为标准

迅猛而广泛的技术变革创造了获取、存储、处理和传输海量数据的新方法,促进了科学家之间新的交流合作习惯的形成。与此同时,这些变革也对许多现有的科学行为规范构成了挑战。

数字技术使印刷品逐渐失去其在学术交流中的核心地位;海量数据搜集与分析对传统的个人自主探索式的科研方式提出了挑战;而互联网为专业和业余的科学家们提供了交流与合作的新途径,这或许将会带来第二次科学开放革命,其规模将不亚于由科学期刊引发的第一次科学开放革命。我们越来越倾向于利用翔实的科学证据,来核实那些或将影响我们生活的科学结论是否可信;同时,相关数据的公开也迫使各国政府对各自的行为与决定更负责任。公众普遍希望数据公开能带来两大好处,一是提高公信力,二是使商业活动更加活跃。科学需要适应这些不断变化的技术、社会和政治环境。本书旨在研究科研工作与科学传播应如何适应新的信息技术时代,并就以下问题提出建议:科研管理工作应如何与时俱进;科学家应如何回应公众的新期待,如何适应新的政治文化;如何使公众更多受益于科研工作。

变革远不是发表或公开更多的数据,而是要切中科学事业的核心。只有更有效的交流才能充分发挥数据开放的优势,而更有效的交流依赖于更加智能的数据开放。所谓智能型数据开放,应该具备以下特点:数据必须易于获得并便于查找;数据必须易于理解;数据必须可评估,以便他人判断其可靠性及作者的能力;数据必须可为他人所使用。为此,数据必须要有解释性元数据作支撑,而实现智能型开放的首要任务就是,将论文的有关支持性数据与论文本身同时存入一个开放的数据库。事实上,我们的目标已经触手可及,那就是:所有科学文献在线,所有数据在线,两者可互操作。

科学研究的新方法:计算技术和通信技术

我们利用现代计算机对海量数据集进行组合分析,探索其中固有而未知的关系,这种数据导向的科学肯定将成为新的知识源。人们已经开始利用类药化合物属性数据库发现新药物;商业企业也在通过销售数据分析工具来识别顾客的行为,从而改进它们的服务。相关数据技术的兴起,通过跨数据集的深度数据整合形成新的信息,有望大大改进数据分析的自动化方法。通信技术有潜力在科学领域形成一个新颖的社会动力机制。比如,2009 年菲尔茨奖得主数学家蒂姆·高尔思(Tim Gowers)在他的博客上发布了一个悬而未决的数学问题,邀请大家共同解决。仅 1 个多月就有 27 人提出了 800 多条建议,问题最终得以解决。据最新统计,目前有 10 个旨在解决数学问题的类似项目正在以同样的方法开展。

开放的科学不仅能有效促进科学发现，而且有利于预防、发现、阻止和清除不良的科研行为。开放的机制促进了系统的完整性，有助于早期发现并制止科学上的错误和舞弊、欺诈行为。但上述透明性发挥作用的前提是，数据开放必须在易理解和可评估方面达到标准——实现前面所述的智能型开放。

促成变革

意图成功实现上述这些强大的变革，应从以下六个方面进行改变：(1)转变传统科研文化，即数据不应再被视为私有财产；(2)拓展科研评估指标，鼓励有效数据交换和新的合作模式；(3)制定数据交换的通用标准；(4)对于公开发表的科学论文相关的数据，强制实施数据智能型开放；(5)不断壮大数据科学家的人才队伍，加强数字化数据的管理和支撑工作(这对私有部门的数据分析和政府的开放数据战略的成功也至关重要)；(6)开发和应用新的软件工具，实现数据集创建和利用的自动化和简单化。实施这些变革的方法已经存在，但实现它们则需要科学家、科研院所以及相关资助和支持科研的机构与个人的通力合作与全心投入。

搜集数据、拓展数据库、开发利用相关数据的工具……所有这些与数据开放相关的工作都涉及经济和机会成本，我们不仅不能忽视这些非常实际的限制条件，而且应该根据预估的对那些数据的实际需求来调节研究数据的共享程度。本书列举了一些不同科学领域内开放数据收益大于成本的探索性案例，颇具说服力。高标准数据整合处理工作通常也比搜集更多更新数据的成本要小得多。比如，管理全球蛋白质数据库内有关蛋白质结构数据的年度成本还不及生成这些数据所需成本的百分之一。

与公众沟通

近几十年来，公民、民间团体和非政府组织对于仔细审查科技证据(用以支撑科学结论)的需求日渐高涨。在某些领域,被称为“公民科学家”的公众越来越多地参与研究计划,从而以新的方式使专业科学家和业余科学家的界限变得模糊起来。

但是,科学的有效沟通却存在一个两难现象。科学探索的一个主要原则是“不轻信任何人的话”。但是,许多科学领域所需要的技能和理解力都远非普通人(包括其他领域科学家)所能及。一个免疫学家可能对宇宙学知之甚少,反之亦然。大多公民无法选择,只能信任他们能够评判的科学实践和标准而非个人对相关证据的熟悉程度。基于复杂或不确定的科学基础而制定的公共政策如果希望获得公众的认可与信任,在很大程度上依赖于专业科学共同体内部开放和有效沟通的程度及其对公开辩论的参与程度。

向更广大公众开放数据的一个现实方法是,让那些与公众最相关的数据易于被非专业人员获取、理解、评估和使用。这需要将精力集中在事关公众利益的领域或大量使用研究成果的领域,其所需工作量远大于把数据向同行专家开放。当然,开放数据只是公众参与科学的一个方面。但在将科学转变成生机勃勃的公共事业这一过程中,数据交流虽非充分但却是至关重要的必要因素。

国际层面

开放科学意味着一个国家的科研成果可以方便地被他国使用,那么该国家纳税人的利益和开放科学间是否存在冲突?事实上,科学成果的扩散速度极快。一个国家的研究人员可以测试、反驳、强化或进一步发展他国研究人员取得的成果和结论。这种国际交流通常会演变为复杂的合作网络,并激发旨在追求新知识的竞争。其结果是,一个国家科学基础中所蕴含的知识和技能不仅包括了那些由本国纳税人所支付的部分,同时也包括了从国际上所吸纳的部分。试图限制这种交流可能会导致另一场“公地悲剧”(tragedy of the commons),即短视的利己主义会削弱公共资源，况且现在互联网的运行又使监管几乎无法实现。

有限度的开放

科学数据的开放并非无限制的行为，必须维护科学开放的合法界限，以保护商业价值、隐私和安全。

开放数据的重要性因行业领域而异。企业的商业模式正在以更加开放的方式不断创新演进，这些变化也在不断影响着公司对于数据价值的评估与认识。在某些领域，与数据保密相比，公司可能会更重视分析工具的开发。当然，在许多领域，数据的知识产权保护仍至关重要，数据保密的合法要求必须受到尊重。当商业研究数据可能对公众产生影响时（如临床试验数据的发布），更大程度上的开放是适宜的。

是激励个人利用新科学知识去获得经济利益，还是更加开放使大众能广泛接触到新知识，并通过多种方式加以利用从而增加宏观经济利益，在这两者间应如何寻求平衡？现实中，知识产权收入占大学收入的比重很小，这弱化了大学严格控制知识产权的理念与意图。重要的是，追求大学经费来源的短期利益，不应损害国家经济发展的长远利益。英国解决该问题的新指导方针，朝着更为完备的方案迈出了可喜的第一步。

分享包含个人信息的数据集对于医学和社会科学研究至关重要，但对信息管理和保密却构成了挑战。如果分享是在适当的管理框架下进行的，那么它将带来极大的公众利益。一个必须接受的事实是，即使经过匿名化处理，数据库中个人记录的安全性仍无法得以保证。

当研究成果有可能被滥用，从而危及公共安全和健康时，谨慎检视开放的界限非常重要。在这些情况下，本书建议采取平衡、适度的开放，而非全面禁止。

建　　议

本书分析了新兴技术对于革新研究行为与交流的影响。所提的这些建议旨在改进科研行为，回应公众期待和政治文化的变化，使研究工作的影响力最大化；在海量数据时代，保持科学的复现和自我修正能力；促进交流与合作，以将数据密集型科学方法的价值最大化。我们有必要采取行动在商业和公共政策方面最大限度地利用科学。但并非所有的数据都具有同样的厉害关系和重要性。出于商业、隐私和安全等原因，某些数据无疑是保密的。数据和元数据的呈现具有经济和机会成本。这些建议阐述了一些关键性原则。本书的主体部分则探讨了如何判断它们的应用以及责任所在。

建议一

科学家们应分享所搜集的数据和创立的模型，允许自由开放的获取。这些数据应该易于理解、易于评估并可以供全世界相同或相关领域的专家使用。为达到这些要求，科学家应将数据以适当的方式存储以便于他人使用。我们应尽可能将与广大公众的交流视为头等大事，特别是当开放数据的领域涉及公众利益时。

尽管第一个且最为重要的建议是直接面向科学共同体本身，但广泛推广数据开放的主要障碍却来自大学和科研机构的奖励、评估和晋升体系。因此,至关重要的是,重要数据集的生成维护、综合利用、开放获取以及有效沟通应得到认可、引用和奖励。而现有的激励机制并不能有力地促进大学和研究机构或者科学家个人从事这些活动。本报告认为,大学和研究机构需要以经济手段推动促进的,不应仅仅是出色的科学研究成果,还应包括优秀的数据交流工作。面对不断变化的科学世界,它们必须认可和奖励员工的数据开放工作,并重构相关基础设施。

在此,本书郑重地向那些有能力激励和支持开放数据并促进数据密集型科学及其应用的科研组织提出建议:科研组织应不断地制定政策,开放由它们资助的研究所产生的数据;各学会、科学院以及专业团体应发挥其学术界代表的重要作用,促进数据开放,提升各学科价值和研究重点;作为大量的科学研究得以公开的重要媒介,科学期刊也必须适应并支持这样的政策,即只要条件合适就要促进数据开放。

建议二

大学和研究机构应在构建数据开放文化方面发挥重要作用,所涉及的工作包括:把研究人员的数据交流行为作为其职业发展和奖励的重要评估标准;建立数据战略,提升自身知识资源管理能力,支持科研人员的数据需求;默认支持数据开放,仅在涉及公共投资收益最大化时才考虑改变数据的获取策略。

建议三

大学的科研评估应对数据开放方面的工作进展(包括个人工作及协同合作)予以奖励,其程度应与发表文章及其他出版物相同。

建议四

各学会、科学院和专业团体应在其成员中推广开放科学的理念,推进相关数据开放工作,并努力实现开放获取期刊文章在经济上的可持续性。它们应设法加强数据管理工作从而使它们的支持者和公众从中获益，并努力改变工作习惯以达到这一目标。

建议五

研究理事会和相关慈善科研机构应通过它们支持的项目，加强科研数据交流工作，其主要工作包括：努力认可那些致力于最大化利用并很好传播科研数据的科研人员；将数据和元数据的准备及维护费用涵盖到研究进程费用之中；加强与其他组织或个人的合作确保数据集的可持续性。

建议六

作为出版的条件之一，科学期刊应强制要求作者开放文章论点所依据的数据，确保这些数据易于获取、易于评估、易于使用和易于追溯，并在文章中明确说明在什么时候和什么条件下数据可为他人所获取。当然，相关要求应符合该研究领域的实际限制。

公共科研部门和私有科研部门之间的有效交流是传递科学研究价值的关键，这种有效交流应包括思想交流、技术交流和人事交流等三个方面。对于由公共和私有部门资助的研究所产生的数据、信息和知识而言，经济利益和公众对相关研究的兴趣将影响其被广泛地获取的时间及方式。

建议七

在涉及公共利益的领域内，产业部门和相关管理部门应联手建立分享数据、信息和知识的有效工作方式。特别需要指出的是，公开的信息中应该包括科研中失败或无效结果。任何数据的公开都应该清楚地标明并得以有效地沟通。

建议八

政府应该认识到数据开放、科学开放在优化科学基础方面的潜力。作为对政府开放数据政策的补充，政府应制定科学数据开放的相关政策，并支持相关软件工具开发和人员技能培训工作。这些工作对于科学数据开放和政府数据开放政策能否成功实施至关重要。

我们应该综合评估由数据共享所产生的公共利益和涉及个人隐私保护等方面的相关风险,从而评判数据是否需要更广泛的开放。对于科研人员的指导性意见应该清晰且持续。

建议九

我们应建立一整套与需求相符的系统来管理数据集。这意味着,只有在可能带来较高的公共价值且确有必要时,个人数据信息才会被公开共享。公开信息的类型和数量应与某项研究特定的需求相匹配,同时以适当的方式回避风险,如签署授权或建立信息安全区等。在决定共享数据时,应考虑到不断演进的技术风险和个人隐私保护方面的技术进展。

建议十

鉴于安保和安全等因素,基于现有商业标准的相关成功实践和公共信息共享协议必须被更广泛地接受与采用。在指导性意见中应反映这样的事实,那就是安全不仅可以来自保密,也可以来自更大限度的开放。

目　录

第 1 章

科学的目的与实践

科学家渴望了解自然、人类和社会的运行方式，并公之于众，造福于众。世界各国政府都对这一点表示认可。有鉴于科学对知识、国民经济和社会政策的贡献以及科学在应对全球流行病和环境恶化等风险中所发挥的作用，各国政府都在对科学进行投入。[①]数字革命正在普遍地改变科学和社会。本书关注了数字革命对决定科学进度和有效沟通科学结果和理解的基本进程的影响，并对这些进程如何适应新近技术和不断演变的公众期待与政治文化提出了建议。

开放在科学中的作用

近几个世纪以来，科学理解的显著增长在很大程度上取决于开放

① 来自各国国家科学院网站的典型陈述——英国皇家学会：通过捍卫科学、数学、工程和医学的发展和应用来扩展知识的前沿，以造福人类和地球。美国国家科学院：从事科学和工程研究、致力于科技的促进及应用，继而造福大众的优秀知名学者社团。中科院：致力于造就世界级科学，通过加强原始科学创新、关键技术创新以及系统集成，为我国经济建设、国家安全和社会可持续发展不断作出基础性、战略性和前瞻性的贡献。

的实践。开放的沟通和思索处于科学实践的核心位置。[①]包括实验和观察数据的科学理论的发表允许他人对其进行审查、复制实验并运用数据去产生新的理解。这就允许他人识别其错误,拒绝接受其理论或对其理论进行完善。促进对证据和理论持续和严格的分析是同行评议中最为严格的形式。自从第一批科学期刊法国《学者杂志》(*Journal des Scanvas*)以及英国《英国皇家学会哲学学报》(*Philosophical Transactions of the Royal Society*)(模块 1.1)创立以来,该形式就使得科学成为一个不断自我纠错的进程。科学期刊对 17、18 世纪科学知识的爆炸作出了突出的贡献[②],并使得想法和计量更容易核对、废弃或改进。科学期刊也面向更广大的读者交流研究结果,受到激发的这些读者反过来又对科学的发展增添了进一步的想法和观察。

模块 1.1　亨利·奥尔登堡:科学期刊和同行评议进程[③]

来自德国的神学家亨利·奥尔登堡(Henry Oldenburg)(1619~1677 年)是皇家学会的首任秘书。他与欧洲大陆的主要科学家进行通信,认为与其等待整个书籍出版,信件更为适合事实或新发现的沟通。他邀请人们给他写信——这些人甚至包括并未从事科学但已发现了某个知识点的普通人。[④]他不再要求用拉丁文而是可以用任何本国语来表达科学。从这些信件中用科

---

① Polanyi M (FRS), *The Republic of Science*, Minerva 38,1-21 对此做了经典阐述。

② Shapin S (1994). *A social history of truth: civility and science in seventeenth-century England*, University of Chicargo Press: Chicargo.

③ (Klug A)(2000). *Address of the President, Sir Aaron Klug, O.M., P.R.S., Given at the Anniversary Meeting on 30 November 1999*, Notes Record Royal Society: London, 54,99-108.

④ Boas Hall M (2002). *Henry Oldenburg: Shaping the Royal Society*. Oxford University Press: Oxford.

学期刊的方式打印科学论文或者文章的想法诞生了。在 1665 年创建《英国皇家学会哲学学报》时，他写道：

"因此采用印刷机是最为合适的方式。因为它迎合了这样一些人，他们欣喜于学问的发展和有益的发现，被邀请并被鼓励搜寻、尝试并发现新事物、传播知识，以及力所能及地为完善自然知识这一伟大的设计、为全人类的福祉作出他们的贡献。"

亨利·奥尔登堡同时开创了论文提交的同行评议进程。他邀请对所涉问题之领域更为了解的皇家学会的三名会士对提交的论文进行评论，然后决定其最终是否发表。

数据、信息和有效的沟通

首先，定义术语以及理解作为构建有效沟通的原则很重要。有时数据、信息和知识三者之间存在混淆。本书把三者作为重叠的概念来使用，其区别是三者在解释一个现象时的广度和深度。**数据**是指明一种现象某一个特征的数字、字符和图象。当数据以有望揭示现象某种特征的方式结合在一起时就成为了**信息**。当信息对有关某种现象的非琐碎的、真实的主张提供支持时，信息就产生了**知识**。比如，通过经纬仪测量山峰高度得出的数字是数据。通过使用一种公式，山峰的高度可从上述数据中获得，获得的山峰高度就是信息。当与其他信息如山的岩石情况相结合时，有关山的起源的知识就形成了。有些人对这些区别持怀疑态度，但本书把其作为一个有用的框架以理解数据在科学中的作用。

原始和派生数据在科学分析中的作用不同，并应该与同它们相关联的元数据做进一步区分。原始数据是测量所得的数据,比如几年来的日降雨量的测量结果就是原始数据。该测量结果可被计算出一个平均值,继而估计出平均年降雨量。这个平均年降雨量就是派生数据。

为了便于理解,数据通常需要一些上下文信息也就是元数据。这包括如下这些信息:数据的创建人、数据是如何获取的、数据创建日期和方法、如何使用数据集的技术细节、数据是如何被筛选和处理的以及数据是如何被分析以用于科学研究的。对于复杂的数据集以及那些受制于数学模型的数据集而言,元数据的准备尤其繁重。但是,元数据对于再现结果而言是必不可少的。

数据单纯的公开并无多大价值①。实现开放数据的益处需要一种能使数据有效传播的、更为智慧的开放。为此,数据必须满足四大基本要求,这是一般元数据有时候做不到的。这四大基本要求是:可获取、可理解、可评估和可使用,具体如下:

(1) 可获取的。数据必须置于易发现之处。这不仅是针对数据管理而言,而且也针对准许获取数据和信息的过程而言。

(2) 可理解的。数据必须对科学工作的结果进行描述,而这种描述应为希望了解或者审查科学工作的那些人所理解。因此,数据的交流应该因受众的不同而不同。为某领域的一个专家所理解的可能不为另一个领域的专家所理解。和一般大众的有效交流更为困难,这就需要更深入地了解受众的需求,以理解该交流中的重点数据和对话。

(3) 可评估的。接受者需要能够对所交流的事情进行判断和评价。比如,他们需要对主张的性质作出判断。这些主张只是猜想还是

---

① O'Neill O (2006). *Transparency and the Ethics of Communication*. In *Transparency: The Key to Better Governance?* Heald D & Hood C (eds.). Proceedings of the British Academy 135. Oxford University Press: Oxford.

有据可查？他们应能够对作出这些主张的那些人的能力和可靠性作出判断。这些主张是源于科学能力吗？[①]该研究项目的目的是什么？资助人是谁？交流受外界考虑因素影响吗？这些影响的源头被识别了吗？[②]可评估性也包括揭示有可能影响研究信誉度的附带性因素。比如，医学期刊越发要求来自作者的利益声明。

(4) 可使用的。通常基于不同的目的，数据应能够被再使用。数据的可用性也依赖于背景材料和元数据对于想使用数据的那些人的适用性。数据至少应该能够被其他科学家再使用。

能否有效交流取决于数据提供者和接受者双方。理解什么是必须被获取的、什么是可理解的以及将发生哪种评估和再利用需要双方的投入。在某些情况下，这很简单：临床试验管理部门——英国药品和保健产品监管署(MHRA)为一些数据制定了明确的规章。这些数据必须附加在实验应用上以取得管理部门授予的许可。但是实践证明为不同的受众提供同样的数据尤为困难。支持那些可以接受新药治疗的病人的团体可能对研究数据感兴趣，但却不易理解什么数据可以被负责任地发布。智能型开放满足了多样的研究团体和利益集团对不同种数据的不同需求。本书展示了这一点的成功之处——通常是通过具体的数据要求和使用较易理解的分散性行动计划。

智能型开放数据的力量

2011 年 5 月，德国汉堡爆发了严重的肠胃传染。接之而来的系列

---

① 只有一位专家才真正有可能作出这个判断；这体现了同行评议最为重要的功能之一。由大多数公众和来自其他科学领域的专业科学家等所构成的非专家不得不依赖同行评议。

② 必要的是有关可能性利益冲突的明确说法。利益冲突本身无可非议。重要的是以一种透明的方式宣布利益冲突。

事件是对智能型开放数据的益处最为有力的说明。肠胃传染波及了欧洲大陆和美国,影响了大约 4 000 人,造成 50 多人死亡。[①] 对于这种鲜有人知的能产生志贺毒素(Shiga-toxin)的大肠杆菌细菌,所有受检者均呈阳性。该病菌起初由中国深圳华大基因的科学家与汉堡的科学家协作分析。3 天后,一个基因组草图在开放数据许可的条件下得以发布。[②]这激发了来自四大洲的生物信息学研究者的兴趣。该基因组在发布 24 小时后得到了组合。一周内,24 篇报告被发送到了一个专门用于病菌分析的开放型网站上[③]。这些分析为病菌的毒性以及抗性基因提供了关键的信息——病菌的传播方式以及与之对抗的有效抗生素。[④]科学家们及时获得了研究成果,阻止了病菌的爆发。2011 年 7 月,科学家根据这项工作发表了论文。通过开放早期的排序结果来开展国际合作,汉堡研究人员的研究结果迅速地被广大专家所检测,获得了新的知识,并最终控制了突发公共卫生事件。

使来自临床试验的化名病人数据为其他医学科学家所获取,价值非凡,但前提是个人的隐私得到合理的保护。开放数据允许运用统计方法对科学欺诈的怀疑进行检查。它可以帮助排除同行评议的期刊中的不完整报告结果,并促进以元数据而不是总结性结果为基础的元分析。近来,根据 95 000 个病人的信息整合,开放数据的力量在对阿

---

① World Health Organisation (2011). *Outbreaks of E. coli 0104:H4 infection*. 参见: http://www. euro. who. int/en/what-we-do/health-topics/emergencies/international-health-regulations/outbreaks-of-e. -coli-o104h4-infection.

② 深圳华大基因采用了知识共享(Creative Commons)的零许可方式,根据版权法在世界范围内放弃了成果的所有权利。他们同时给其分配了一个数字对象标志符,允许对该分析的永久获取: datacite. wordpress. com/2011/06/15/ehec-genome-with-a-doi-name/.

③ GitHub (2012). *E. coli O104:H4 Genome Analysis Crowdsourcing*. 参见: https://github. com/ehec-outbreak-crowdsourced/BGI-data-analysis/wiki.

④ Rohde H et al (2011). *Open-Source Genomic Analysis of Shiga-Toxin-Producing E. coli O104:H4*. New England Journal of Medicine, 365,718 – 724. 参见: http://www. nejm. org/doi/full/10. 1056/NEJMoa1107643 # t = articleTop.

司匹林在防治心血管疾病效果的元分析中得以展示。该研究肯定了阿司匹林为那些已确诊的心脏病人所带来的益处。但那些没有受这些疾病折磨的人，则对该研究诸如增加流血风险的副作用是否会甚于那些并不可观的益处这一点持怀疑态度。①

欧洲核子研究组织(CERN)中微子振荡装置实验(OPERA)团队的新近研究表明了数据开放在助推科学成果审查方面的作用。2011 年 9 月，中微子振荡装置实验团队从欧洲核子研究组织向 730 公里外位于意大利中部的格兰萨索国家实验室发射了一束 μ 子中微子。令参与试验的科学家吃惊的是，中微子竟然似乎比认为是宇宙速度极限的光速还要快。②为了找到能解释这种明显违背物理定律的现象的理论，欧洲核子研究组织把这些成果以前所未有的详细描述上载于物理电子预印文献库(arXiv. org)上，以便将这一试验结果向较广的审查范围开放。200 多份论文出现在该网站上，试图揭示或解释该现象。其中大量的论文关注中微子飞行路线的时间测定技术。2012 年 2 月 23 日，中微子振荡装置实验的合作者宣布了两个潜在的计时错误源。③由于一根光缆的故障，通过 GPS 送达格兰萨索国家实验室时钟的停止和启动信号出现了延误。格兰萨索国家实验室的主时钟也出现了故障。2012 年 6 月，格兰萨索国家实验室尝试通过四个单独的仪器复制原始成果，结果发现中微子遵从于宇宙速度极限，确认了遭受

① Antithrombotic Trialists Collaboration (2009). *Aspirin in the primary and secondary prevention of vascular disease: meta-analysis of individual participant data from randomised controlled trials*. Lancet, 373, 1849 - 1860.

② CERN (2011). *Press Release: OPERA experiment reports anomaly in flight time of neutrinos from CERN to Gran Sasso*. 参见：http://public. web. cern. ch/press/pressreleases/Releases2011/PR19. 11E. html.

③ Reich E S (2012). *Timing glitches dog neutrino claim: Team admits to possible errors in faster-than-light finding*. Nature News, 483, 17. 参见：http://www. nature. com/news/timing-glitches-dog-neutrino-claim - 1. 10123.

质疑的这一实验性错误。

有研究表明开放数据能提升被发表论文的形象。对 85 个癌症微阵列临床试验的检查表明,从公共层面获取的数据与原有试验所发表文章的引用率被提升 69%这一现象紧密相连。而这种现象与期刊影响力的因素、发表的时间以及作者的国籍均无关系。①

开放的科学:愿望与现实

今天的大多科学实践没有达到上一节所反映的智能型开放的理想化境界。许多科学在本身的学科之外并不能被理解,支持科学交流的证据性数据并不是始终如一地可以被获取,甚至对其他科学家而言也是如此。而且,尽管科学家例行利用数字时代的大容量卷宗以及计算能力,其方法通常令人联想到纸质时代而不是数字时代。计算机科学的先锋人物吉姆·格雷(Jim Gray)对他的研究员同事们并不看好,他说:"当你观察那些科学家日复一日地在干什么的时候,就数据分析而言,那真的很糟糕。数据令我们很窘迫。"②

关于开放界限,还有一些很重要的问题亟待解决。这些在第三章中会谈到。开放科学的界限应该依据科学是公共或私人资助来划分吗?对科学数据、信息和知识的合法商业利用总是受限还是总是被认为是合适的?在某些领域,开放会带来经济利益或者是社会所需吗?隐私与机密如何能被最好地维护?开放的数据、开放的科学与隐私、安全和安保相冲突吗?

---

① Piwowar H A, Day RS, Fridsma DB (2007). *Sharing detailed data is associated with increased citation rate*. PLoS ONE, 2,3, e308.

② Gray J (2009). *A transformed scientific method*. In: The Fourth Paradigm. Hey T, Tansley S & Tolle K (eds.). Microsoft Research: Washington.

开放的科学被定义为开放的数据（可获取、可理解、可评估的以及可使用的数据）。而这种开放的数据是与对科学出版物的公开获取以及其内容的有效沟通相结合的。本书关注现代海量数据所带来的机遇和挑战，以及一个开放的数据和沟通文化如何能从总体上对其作出最佳的应对。

但在过去的 10 年里，公开免费获取在线期刊文章档案的举措频现，比如美国生命科学期刊文献数据库 PubMed Central 和电子预印本文献库 arXiv. org 等。2000 年，来自 180 个国家的大约 34 000 名科学家共同签署信件，提出了建立在线公共图书馆的要求。该图书馆将提供医学和生命科学领域研究和学术论述出版记录的全部内容。2003 年，公共科学图书馆（Public Library of Science，简称 PLoS）创办了一份开源期刊（开放获取期刊）。由卫康基金资助的研究人员必须允许他们的论文被放置在 PubMed Central 的数据库中。

近来，在接受调查的欧洲研究区的 26 个国家中，13 个国家拥有国家或区域开放获取政策。[①]瑞典较为正式的国家开放获取计划“Open Access. se”[②]旨在支持期刊和数据库的开放获取。冰岛推出的国家许可允许任何持有国家 ISP 地址的公民免费获取广泛领域的电子期刊。近来，美国《研究著作法案》（众议院 3699 号决议）试图阻止美国政府研究资助者的开放获取政策。由于科学界所共同发起的运动，该法案最终被撤回。[③]

---

① European Commission, European Research Area Committee (2011). *National open access and preservation policies in Europe*. 参见：http://ec. europa. eu/research/science-society/document _ library/pdf _ 06/open-access-report-2011 _ en. pdf.

② Open Access. se (2012). *Scholarly publishing*. 参见：http://www. kb. se/OpenAccess/Hjalptexter/English/.

③ 该法案发表时，12 000 多名研究人员共同签名，对爱思唯尔（Elsevier）出版集团的期刊发起名为“知识的成本”的抵制运动。www. thecostofknowledge. com.

本书上一节提到的对开放数据力量的阐述同样适用于开放主要科学文献,包括对已发表研究论文的全部、直接的公开获取的想法。订阅障碍的消除将为新的信息挖掘技术以及多学科研究的发展赋以动力。全球政策和政治信号表明,这不仅仅是科学的愿望,也将是必然的趋势。但是,为文献增值的出版者将通过筛选和编辑来求得科学的准确性和可理解性。他们会以相应的方式添加大多数使用者认为有价值和必要的元数据和主数据。随这些活动而来的是大量的成本。因此,为了代替订阅资助的出版方式,出版的费用将转由作者支付。而这些费用的来源是研究人员的资助者或雇主。发展首要文献的开放型获取(以及适当许可条件下的再利用)并同时要在经济方面做好文章以确保其质量和完整性,是全世界政策制定者所面临的棘手的挑战。在英国,该问题由"芬奇工作组"(Finch working group)①代表英国政府来处理。

开放科学的维度:科学界之外的价值

在什么条件下英国,或者其他国家,能作出针对开放数据的果断性举动?其利在何处?是否存在这样的风险,即数据的开放会使那些对发布自身数据进行限制的国际科学竞争者受益,而对开放数据的发起国则没有带来互补性利益呢?开放可能对该国科学密集型公司的商业利益产生什么影响?数据的开放是如何有可能影响公共和公民的问题以及重点领域呢?

---

① 英国珍妮特·芬奇(Janet Finch)教授领导了一个独立的工作小组就扩大包括来自皇家学会的研究成果出版物的获取途径进行调查,具体请参阅:www.researchinfonet.org/publish/wg-expand-access/.

全球科学，全球利益

以在线方式公开的科学文章将不可避免地为全世界获取。认可这一点非常重要。一个国家的研究人员和普通大众能够检测、反驳、充实或者发展另一个国家研究人员的研究结果和结论。公开发表的新知识很快地在世界范围内传播，结果是一个国家科学基础中所蕴含的知识和技能不仅包括由该国家纳税人的税款资助所带来的部分，还包括那些包括本国在内的更广泛的国际投入所带来的部分。①只依赖别国的科学不可取。本国科学基础的实力越是雄厚，其吸纳和受益于他国科学的能力就越强。② 这一能力表现为国家计划培养的科学家非常受欢迎加入国际网络，并能够在网络内获取新兴科学的早期知识。面向国际合作的此类开放性激发了创造力、传播影响力，并产生创新的早期意识。无论源自何处，这些创新都能在本国得以应用。通过国际互动，国家资助可实现本国和全球的双重利益。

对开放数据的国际支持与日俱增。1997 年，美国国家研究委员会认为，“对科学数据的全面和开放型获取应作为来自公共资助研究的科学数据交换的国际标准”。③ 2007 年，欧洲经济合作与发展组织(OECD)发布了一套丛书：《来自公共资助的研究数据获取的原则和方法》。④ 2009 年，来自美国科学院的一份报告建议：“所有的研究人员都应及时地使其研究数据、方法以及与其所发表的报告成果紧密相关

---

① Griffith R, Lee S & Van Reenan J (2011). *Is distance dying at last? Falling home bias in fixed-effects models of patent citations*. Quantitative Economics, Econometric Society, 2,2, 211 - 249,07.

② Royal Society (2011). *Knowledge, Networks and Nations*. Royal Society: London.

③ 24 US National Research Council (1997). *Bits of power*. US National Research Council : Washington.

④ *OECD (2007). OECD Principles and Guidelines for Access to Research Data from Public Funding*. OECD Publications: Paris.

的其他信息的获取公开化,允许核实其所发表的成果,并鼓励其他研究人员发展已发布的成果。除非是在一些特殊情况下,有充分的理由不发表这些数据。在这些情况下,研究人员应该以可获取的公开方式解释数据被禁止发布的原因。”① 欧盟科学数据高水平专家组 2010 年出台的一份报告呼吁欧盟加快实施开放数据基础设施行动。②

随着科学活动在日益多极化的世界里分布情况的变化,科学大国如中国、印度和巴西的崛起,以及中东、东南亚和北非科学投入的增长,③许多国家都通过加入国际科学理事会(ICSU)的方式来认同开放数据原则。此外,有赖于开放数据原则的国际合作越发受到国际政府间或国际机构的资助。此类合作致力于一些全球关注的问题,如气候变化、能源、可持续发展、贸易、移居和大规模传染病等。欧洲经济合作与发展组织的全球科学论坛社会科学数据和研究基础设施专家组在 2012 年秋出台了一份报告,就研究团体如何能更好地协调对应对这些全球性问题至关重要的数据搜集提出建议。

由于互联网接入及其替代技术的改进,如国际气候变化专门委员会针对气候数据集的 DVD 数据传播方式④对发展中国家的研究获取产生了重要的影响,但出版物的获取在科学基础尚处新兴阶段的国家仍成问题。⑤许多国家担负不起订阅国际期刊的巨大费用,而这笔费用

---

① National Academy of Sciences (2009). *Ensuring the Integrity, Accessibility and Stewardship of Research Data in the Digital Age*. National Academy of Sciences: Washington.

② European Commission (2010). *Riding the wave: How Europe can gain from the rising tide of scientific data*. 科学数据高水平专家组的最终报告可参见 www.cordis.europa.eu/fp7/ict/e-infrastructure/docs/hlg-sdi-report.pdf.

③ Royal Society (2011). *Knowledge, Networks and Nations*. Royal Society: London.

④ Modelle & Daten (2008). *Order Data on DVD*. 参见:http://www.mad.zmaw.de/projects-at-md/ipcc-data/order-data-on-dvd/.

⑤ Chan L, Kirsop B & Arunachalam S (2011). *Towards open and equitable access to research and knowledge for development*. Public Library of Science Medicine: San Francisco.

甚至对于发达国家中的大型机构而言也勉为其难。这就严重阻碍了它们以最新数据开展研究以及培训未来科学家的能力。开放获取出版物的兴起在一定程度上缓解了这一问题。“Research4Life”计划[①]是由 3 个联合国机构、2 所大学以及一些主要的商业出版社所参与的一个公私合作伙伴关系计划。该计划鼓励符合条件的图书馆及其使用者免费或以较低费用获取同行评议的国际科学期刊、书籍和数据库。

确保获取来自发展中国家的数据也有可以理解的困难。然而，某些发展中国家正在发展开放获取期刊（比如《南非健康科学》期刊[②]）。有些国家则担忧那些具有较强科学资源的国家将使他国利益受益，而对本国的研究人员没有任何好处。比如，2007 年，印度尼西亚停止提供其流感样本，因为担心科技发达国家将以他们的数据为基础发明流感疫苗，而印度尼西亚将不会从中受益。该政策直到世界卫生组织发布面向未来传染病疫苗和药物的公平获取协议时才得以撤销。[③]

有些情况是开放的界限继续对国际获取进行限制。美国国家安全的考虑已经导致其试图限制出口在其他经合组织国家普遍使用的包含加密能力的软件。这就催生了一套复杂的系统，以确定出口许可是否必要。2009 年美国国家科学院认为[④]，这些流程限制性极强，研

---

① Hinari，Oare，Ardi，Agora（2012）. *Research4Life*. 参见：http://www.research4life.org/.

② African Journals Online（2012）. *African Health Sciences*. 参见：http://www.ajol.info/index.php/ahs.

③ World Health Organisation（2011）. *Pandemic influenza preparedness Framework*. World Health Organisation：New York. 参见：http://whqlibdoc.who.int/publications/2011/9789241503082_eng.pdf.

④ National Academy of Sciences（2009）. *Beyond 'Fortress America'：National Security Controls on Science and Technology in a Globalized World*. National Academy of Sciences：Washington. 参见：http://www.nap.edu/catalog.php?record_id=12567#description　www.nap.edu/catalog.php?record_id=12567#description.

究的豁免有可能最终得以强化。然而,基于国家安全的合理考虑将继续限制国家间的数据开放。

经济利益

科学在当今的知识经济中扮演着重要的角色。科学的这种潜在的直接和间接经济利益包括新工作的创造、外来投资的吸引以及以新科技为基础的产品和服务的开发。英国具有世界领先的科学基础以及优秀的大学体系,它们在制造业领域中的技术改造、以知识为基础的商业以及基础设施发展中发挥着关键性作用。[①]

英国皇家学会2010年出台的一份报告《科学的世纪:实现我们未来的繁荣》提炼了两个关键性的信息:首先,科学与创新须置于英国经济长期增长战略的核心位置;其次,英国面临来自诸多国家激烈的竞争性挑战。英国将奋力与这些国家投资的规模和速度相匹敌。[②]

相比较而言,我们更为强调未来经济中数据的力量。对英国数据资产的分析估计其对2011年度英国商业的价值为251亿英镑。预计在2012年到2017年间,该价值将会增至2 160亿英镑或者是累积GDP的2.3%。但是该价值的大部分(1 490亿英镑)将来自因数据使用而产生的较高的商业效率。240亿英镑将来自数据驱动的研发开支的预期增长。[③]

---

① Government Office for Science (2010). *Technology and Innovation Futures: UK Growth Opportunities for the 2020s*. BIS: London. 参见:http://www.bis.gov.uk/assets/bispartners/foresight/docs/general-publications/10-1252-technology-and-innovation-futures.pdf.

② The Royal Society (2010). *The Scientific Century: Securing Our Future Prosperity*. Royal Society: London. 参见:http://royalsociety.org/policy/publications/2010/scientific-century/.

③ CEBR (2012). *Data equity: unlocking the value of big data*. 参见:http://www.cebr.com/wp-content/uploads/1733_Cebr_Value-of-Data-Equity_report.pdf.

政府已经意识到开放其掌控的数据和信息以使他人发展或利用这些信息的潜在利益。2004 年，英国政府公共部门信息办公室开始实施了一项试点计划。该计划旨在运用语义网整合和发布来自公共部门的信息。[①]接踵而来的是 2009 年英国开放政府数据工程的发起以及"data. gov. uk" 网站的创立。该网站是所有政府非个人公共数据的唯一获取点。[②]某些最新公共服务信息，如公共交通信息，于 2011 年中开始发布。2011 年 12 月，作为《英国生命科学战略》[③]的一部分，英国首相宣布对英国国民健康保险制度(NHS)章程进行变革，允许获取普通病人数据以用于研究。这些研究包括医疗行业对新产品和服务的开发。该变革的目的是运用数据提升对英国医学研究和数字技术的投资，特别是来自设立于英国的医药公司的投资。伦敦的技术城(Tech City)(模块 1.2)承诺巩固英国开放数据和经济增长的联系。

模块 1.2　伦敦的技术城

2010 年 11 月，英国首相宣布政府将对东伦敦目前的技术公司集群进行投资，以打造世界级的技术中心。其战略是把目前的"硅盘"(silicon roundabout)向东拓展到奥林匹克公园周边的开发区域，以打造欧洲最大的技术园区——一个促使下一个苹果或讯佳普(SKYPE)诞生于英国的环境。

---

① Shadbolt N, O'Hara K, Salvadores M & Alani H (2011). eGovernment. *In Handbook of Semantic Web Technologies*. Domingue J, Fensel D & Hendler J (eds.). Springer-Verlag: Berlin. 840 - 900. 参见：http://eprints. ecs. soton. ac. uk/21711/.

② Berners-Lee T & Shadbolt N (2009). *Put in your postcode, out comes the data*. The Times: London. 参见：http://eprints. ecs. soton. ac. uk/23212/.

③ BIS (2011). *UK Strategy for Life Sciences*. BIS. 参见：http://www. bis. gov. uk/assets/biscore/innovation/docs/s/11-1429-strategy-for-uk-life-sciences.

一年过后,政府投资组建开放数据学院[1],与商界和学术界一起开发和研究开放数据的机会,从而使得开放数据成为英国政府旗舰技术计划的中心。帝国理工学院、伦敦大学学院和思科公司之间的合作也获得了支持。这项长达三年的协议意在打造未来城市中心,主要集中在四个领域:未来城市和流动性、智能能源系统、物联网和商业模式创新。

这些战略上成功且具有国际影响的案例来自美国。美国政府所资助的数据集被积极地发布以使大家能免费和开放地再利用,从而刺激经济活动。比如,美国国家气象局把其天气数据公之于众,这被认为是私有气象学市场发展的关键驱动因素,该市场的价值估计超过 15 亿美元。[2]为了捕捉同样的价值和势头,2011 年,英国气象局和土地登记局宣布将在开放许可的条件下发布数据。英国气象局同时也和 IBM、帝国理工大学商学院、帝国理工大学格兰瑟姆气候变化研究院等合作伙伴共同促进对气象局数据的分享和获取。模块 1.3 详述了开放地球表面信息是如何在大西洋两岸以不同的方式创造新的机会的。

模块 1.3　开放发布的益处:卫星图像和地理空间信息

过去 40 年来,由美国航空航天局(NASA)陆地卫星所生成的地球表面环境卫星图像通过美国地质调查局以每幅 600 美元

---

① Berners-Lee T & Shadbolt N (2011). *There's gold to be mined from all our data*. The Times: London. 参见:http://eprints.ecs.soton.ac.uk/23090/.

② Spiegler D B (2006). *The Private Sector in Meteorology-An Update*. 参见:http://www.ametsoc.org/boardpges/cwce/docs/DocLib/2007-07-02_PrivateSectorInMeteorologyUpdate.pdf.

的价格销售。直到 2008 年,来自该调查局的图像才实现了网上免费获取。[①]其使用率从每年销售的 19 000 幅跃至每年传送的 210 万幅。谷歌地球现在也使用这些图像。由于其数据的开放,美国地质调查局的影响以及对国际合作的参与度得以大幅度提升。科学的众多益处不只局限于美国地质调查局。据估计,数据的开放发布每年给环境管理产业创造了 9.35 亿美元的价值,每年给美国经济带来的直接利益是 1 亿多美元。同时,数据的开放发布也激励了来自世界各地的众多公司各种应用程序的开发。

2009 年以来,英国国家地质的具体信息可在网上免费获取。[②]这包括具体的基线引力、磁数据集和成千上万的图像,包括英国近海碳氢化合物内芯。英国地质调查局(BGS)所使用的 3D 模式也可获取。英国地质调查局开发了一种被称之为 iGeology 的移动端应用程序。通过该程序,使用者可放大他们目前的位置,并在被覆盖的地质图上观察他们的环境,从而给出基岩、冰川时代沉积物和老城市图的细节。更具体的描述可通过英国地质调查局岩石名称词典数据库找到。2010 年以来,该数据库已被来自 56 个国家的使用者下载 6 万多次。

效法英国,欧盟近来发起了一个广泛的开放数据行动。[③]该行动预

---

① Parcher J (2012). *Benefits of open availability of Landsat data*. 参见:www.oosa.unvienna.org/pdf/pres/stsc2012/2012ind-05E.pdf.

② British Geological Survey (2012). *What is OpenGeoscience*? 参见:http://www.bgs.ac.uk/opengeoscience/home.html.

③ European Commission: Information Society (2012). *Public Sector Information—Raw Data for New Services and Products*. 参见:http://ec.europa.eu/information_society/policy/psi/index_en.htm.

计将会产生 1 400 亿欧元的年收入。[①]欧盟将会通过一个新的门户开放它自身的数据库,建立一个遍及欧洲的针对开放数据的公平竞争环境,并出资 1 亿欧元对提升数据处理的技术进行研究。欧盟示意,为了支持这些计划,它将对 2003 年出台的有关对公共部门信息再利用的改革进行更新。

从宏观经济预测推导出研究数据对驱动经济发展的程度尚成问题。对开放科学数据所带来的经济价值最具体的评估来自开放获取对于澳大利亚公共部门研究影响的分析。该项分析表明,在长达 20 年的时间里,对公共部门研究成果可获取性的一次性提高(被公司获取和使用的研发存量的比值以及产生有用知识的研发存量的比值)为国民经济带来的回报是 90 亿澳元(70 亿英镑)。[②]

公共和公民利益

公共和公民利益源自与公共政策需求有关的科学的理解。对科学的资助大多是出于这个目的。过去几十年来,来自公民、公民团体和非政府组织对支持科学结论证据的审查呼声不断高涨,特别是当这些结论有可能对个人和社会产生重大影响的时候。冰岛向所有公民开放学术期刊的倡议是使科学工作进一步为公民所了解的一个明显的举动。在过去 20 年里,科学界在更为有效地与公众沟通方面作出了巨大的努力,特别是在本书描述的那些涉及公共利益科学领域(对公民和社会具有重大健康、经济和伦理意义的科学领域,如气候科学、干细胞研究与合成生物学等)。同时,科学界也在力促非专业人员对

① European Commission (2011). *Review of recent PSI studies*. European Commission: Brussels. 参见:http://epsiplatform.eu/content/review-recent-psi-re-use-studies-published.

② Houghton J & Sheehan P (2009). *Estimating the Potential Impacts of Open Access to Research Findings*. Economic Analysis & Policy, 29,1,127 - 142.

天文学、气象学和鸟类学等科学领域的参与[①]。但是，如何实现对公民的有效开放与本书所述的有效沟通原则相协调需要我们做大量的工作。

最近，在本书调查的支持下[②]，由英国研究理事会（RCUK）发起的由公众代表群体参与的公共对话研讨会产生了一系列开放研究的原则。这些原则可帮助对这些工作进行指导。参与的公众成员非常认可研究人员和资助者在大多数情况下监管开放数据的操作。当清晰的公众利益出现时（参与者几乎一致地从对人类健康和环境的角度定义了公众利益），这些团体也要求伦理学家、律师、非政府组织和经济学家的参与。对探究数据为自己所用感兴趣的人不断增加，而对话团组中没有这样的人。但对话参与者清楚的一点是，那些数据应该是可以被发现的，以便为那些想探究这些数据的人所获取。

在使用证据进行决策和评估公共政策的效率方面，政府的举动也更趋于透明化。这反映了"阳光是……最好的杀菌剂"[③]的观点——较大的透明度防止腐败并提升公民对政府的信任度。该报告强调了对于科学治理同样的观点，但突出智能型开放——可理解和可评估的交流——而不是只把透明认同为公开。2000 年《信息自由法》形成了对公共权力部门所掌控信息的公共获取权利。这些公共权力部门包括

---

① 关于信息发布的公共利益测试出现在 Freedom of Information Act（2000）和 Environmental Information Regulations（2004）中。对于那些可免于提供信息的公共部门，如果这些信息的发布涉及公众的利益，那么这些部门也需要提供这些信息。在本书中，公共利益科学概念的使用方式与这些使用方式不同但又相关，以便与那些需要更多公众讨论或支持形成这些讨论的科学研究领域相区分。

② TNS BMRB（2012）. *Public dialogue on data openness, data re-use and data management Final Report*. Research Councils UK：London. 参见：http://www.sciencewise-erc.org.uk/cms/public-dialogue-on-data-openness-data-re-use-and-data-management/.

③ 该引用源自美国最高法院法官路易斯·布兰德斯（Luis Brandeis）。对于把透明作为一种管理机制的讨论，请参阅：Etzoni A（2010）. *Is Transparency the Best Disinfectant*? Journal of Political Philosophy，18，389－404.

大学和研究机构。对信息自由要求的回应也很容易导致无效数据的倾销而不是信息的有效沟通。后续章节追溯到《信息自由法》给研究人员带来的特殊挑战。

2010年,英国政府致力于“敞开公共部门的大门,以使得政客和公共部门对公众负责”。①这意味着公布每一个职员的职衔和一些高级官员的薪水。它同时包括新的“数据权利”,因此政府所掌控的数据集就能被公众获取和使用,然后被定期发布。2011年,英国首相卡梅伦再次强调,公共责任的动力和经济价值的创造同时激励他推出了“政府透明的革命”②(见模块1.2)。他主张,通过在下一年度里开放公共服务信息,政府正在授予公民权利:使公众较容易在提供者间作出明智的选择并使政府对公共服务的业绩负责。研究数据归属于该计划的范畴。随着本书的出版,英国内阁办公室将发布《数据权利》白皮书。

对开支和服务数据的要求是如何延伸到公共资助研究的产品这一点目前仍不明确。开支和服务数据集通常是大型、松散、统一的数据集,一般为一个部门或机构内部所共享。这是政府的“大数据”——在很多方面与私人公司所搜集的大宗顾客数据相似。通过诸如“data.gov.uk”之类的计划,数据得以组建,从而使之可通过网络被每一个人所获取。这类数据被称为“广泛数据”。③研究数据集从小定制集合到复杂模型输出各异,其被使用和管理的方式迥然不同。

---

① HM Government (2010). The Coalition: our programme for government. UK Government: London. 参见:http://www.direct.gov.uk/prod_consum_dg/groups/dg_digitalassets/@dg/@en/documents/digitalasset/dg_187876.pdf.

② Number10, David Cameron (2011). Letter to Cabinet Ministers on Transparency and Open Data. 参见:http://www.number10.gov.uk/news/letter-to-cabinet-ministers-on-transparency-and-open-data/.

③ A term used Hendler J (2011). Tetherless World Constellation: Broad Data. 参见:http://www.slideshare.net/jahendler/broad-data.

研究数据很有可能不是大数据，因此不容易像广泛的数据那样被调整。相反，以一种有用的方式开放研究数据需要一个层级方法。世界各国政府也在采用建立“data. gov”门户的方法来开放数据，包括新近由印度推出的有宏大愿景的“data. gov. in”门户（模块 1.4）。这些门户远不能代表智能型开放研究（分散的计划，其中数据的要求和使用被很好地理解）。

模块 1.4　Data. gov. in

印度于 2012 年 2 月通过的《印度国家数据共享和获取政策》旨在促进数据共享和对印度政府所拥有数据的获取，以便为国家规划和发展服务。印度政府意识到了开放数据的需要，以达到如下目的：最大化数据使用率、避免数据重复、最大化数据整合、信息所有权、提升决策水平以及获取的平等。其获取将通过 data. gov. in 门户。与其他 data. gov 门户一样，该门户的设计方便用户，并以互联网为基础，不需要任何注册程序或授权。与其伴随的元数据将被标准化并包含有关适当引用、获取、联系方式和发现的信息。

与英国已完成的 data. gov 和 2011 年美国就对原始门户 data. gov 进行资助一事的争论相比，印度 data. gov. in 的建设是一项宏伟且步调快速的计划。其目标是政府的备份目录将在 1 年内发布于网上。这项政策适用于所有非敏感性数据。这些数据存有的方式要么是数字的，要么是模拟的。它们是通过印度政府各部委、机构和部门的公共资助生成的。

把目前通过开放数据营造透明的趋向与对诚信的更为广泛的要求相混淆是错误的。研究理事会的公共对话得出的结论是，“只处理开放数据本身是不可能对研究治理问题产生重大影响的”。[①]这些问题通常与如下几个因素有关:对研究人员的激励、研究推进的速度以及对研究的利用什么时候超越了其规则。

---

① TNS BMRB (2012). *Public dialogue on data openness, data re-use and data management Final Report*. Research Councils UK: London. 参见: http://www.sciencewise-erc.org.uk/cms/public-dialogue-on-data-openness-data-re-use-and-data-management.

第 2 章

为何需要改变：机遇和挑战

近几十年来，随着收集、存储、处理和传输方式上所取得的非同寻常的进展，数据和信息传输活动已经摆脱了地域上的限制(图 2.1 显示计算和数据科学主要事件简史)。复制数字信息几乎不需成本。同时，许多人逐渐远离听从科学家们对他们所关心事物的传道式说明，而期望检验和寻觅相关证据。这种趋势受到自 20 年前互联网所兴起的新型传播渠道的影响而强化，成为史无前例的历史巨轮，传动着信息、思想乃至公开辩论。

当今科学研究所产生的数据泛滥，已经造成科学核心的基本流程的许多问题。但是，新型数字工具也有各种应用方式。有些人相信它们已经推动我们朝向第二次开放科学革命的边缘，每个字节(bit)就像当年发明科学期刊所带来变化一样伟大[①]。开放数据、数据共享和协作位于这些机遇的核心。然而，现在许多科学家仍然奉行科研要经过

---

① Nielsen M (2012). *Reinventing discover*: *the new era of networked science*. Princeton University Press: Princeton.

测量和预测的步骤,为此在相对封闭的同事圈内交流想法,在同行评议的期刊上发表他们的发现、把数据归档,接着周而复始。

本章讨论在当今海量数据时代中,为何以及如何维护那些支持已发表科学论文的开放数据的原则;开放数据和协作如何才能成为挖掘新科学与技术的手段;以及有效的开放数据政策在多大程度上应成为与公民进行科学传播的一部分。本章的大部分讨论主要涉及公众和慈善资助的科学,不过也考虑到与私营资助科学的接轨。

1960	1970	1980	1990	2000
1960 年:超文本 *畅想世界知识之间的链接* 建立文件之间的联系,这一概念开始被讨论,并作为一种范式组织文本材料和知识。	**1970 年:关系型数据库** *在数据之间建立关联* 关系型数据库和查询语言可以一种有效查询的方式存储大量数据,可作为商业经营的一部分。	**20 世纪 80 年代:神经网络** *模仿人脑处理知识* 随着 20 世纪 40 年代前期探索,80 年代出现神经网络概念,利用神经元之间的联系存储和处理数据。	**1990 年:互联网电影资料库** *检索电影* 建立了网络版的电影数据库。	**2000 年:斯隆数字巡天计划** *绘制宇宙物体空间分布图* 斯隆数字巡天计划用了近十年时间实现自动为宇宙每一个可视物体绘制空间分布图。
1960 年:全文本搜索 *没有索引的文本搜索* 计算机演示了第一次全文本搜索。	**20 世纪 70、80 年代:交互式计算** *从计算机直接得到结果* 随着计算机价格的进一步下降,使得日常生活与知识整合起来,从而使即时计算变得可能。	**1982 年:DNA 序列数据库** *收集生命密码* 沃尔特·戈德在洛斯阿拉莫斯建立 DNA 序列数据库,收集已发现的基因序列。	**1991 年:Gopher** *网络查询系统* Gopher 基于菜单方式的网络搜索。	**2000 年:网络 2.0 版** *社会组织形成信息* 社会网络和其他网站形成一个机制,可以集体收集信息。

续图

1962 年：罗杰·汤姆林森 地理信息系统 罗杰·汤姆林森启动加拿大地理信息系统(GIS)，创建第一个 GIS。	**20 世纪 70、80 年代：专家系统** 应用专家知识作为推理规则 作为人工智能的一个重要分支，专家系统通过利用特殊领域的专家经验，应用到逻辑推理系统。	**1983 年：域名系统** 创建了分层级的互联网地址 域名系统，1984 年，以.com 和其他高级别的域名开始命名。	**1991 年：统一码** 代表每一种语言 统一码标准为每种人类语言中的每个字符设定了统一并且唯一的二进制编码。	**2001 年：维基百科** 自组织网络百科全书 志愿者可从各个领域上传有关人类知识，提供文本描述。
1963 年：美国信息交换标准码(ASCII Code)： 为每一个字母进行标准编号 美国信息交换标准码为每一个英文字母确定标准的代码。	**1973 年：布莱克-舒尔斯模型** 把数序引入到金融衍生工具中 由费雪·布莱克和迈伦·舒尔斯引入数学模型为股票期权定价。	**1984 年：CYC(人工智能项目)** 创建常识性知识可计算数据库 人工智能项目是一个将人类常识性知识编码成机器可用的形式的长期运行项目。	**1991 年：ArXiv.org 电子预印本文献库** 开放存取的电子预印本文献库，来自物理学、数学、计算机科学以及其他学科杂志期刊。	**2003 年：人类基因组计划** 破译人类全部遗传信息 人类基因组计划宣布要完成找到每一个人的 DNA 序列代码。
1963 年：科学论文引用检索 通过论文引用绘制图谱 尤金·加菲尔德发表了科学引文索引初版，通过论文引用检索科学文献。	**1973 年：词汇系统** 提供在线法律信息 词汇系统在网上检索系统提供美国法院判决意见全文记录。	**1988 年：Mathematica** 科学计算软件，一种算法语言 通过定义一种计算机符号语言，代表任意构成，然后组成一个巨大连贯性网络运行，为各种类型的算法提供一个统一的计算系统。	**1993 年：蒂姆·伯纳斯·李** 创建网络目录 蒂姆·伯纳斯·李创建了虚拟图书馆，第一个系统网络目录。	**2004 年：脸书网站** 挖掘社会网络 脸书网站开始大规模地挖掘利用人与人之间的社会关系。

续图

1963 年:邓氏编码 为每一个企业编制身份识别码 邓白氏公司为每一个企业分配一个独一无二的代码。	**1974 年:通用产品编号** 每一产品将获得一个编码 建立了条形码通用产品编号标准。	**1989 年:网络** 收集世界信息 网络从世界各个文明角落提供了大量的免费信息。	**1994 年:矩阵码** 快速反应的可扫描条形码在日本诞生,可使计算机快速解码。	**2004 年:开放街道地图** 史蒂夫·克斯特创建了来源于大众信息的可到达街道水平的世界地图。
1966 年:标准书号 为每一本书分配一个代号 引入英国的标准书号,后来在1970 年通用为国际标准书号。			**1994 年:雅虎** 杨致远和大卫·费罗创建网络分级目录。	**2004 年:英国政府公共行业信息办公室** 开始尝试使用语义网整合和发布整个公共行业信息。
1967 年:国际联机情报检索系统 任何地方都可检索信息 信息检索系统可以实现从远程进入。			**1995 年:CD 数据库** 音乐索引 甘棣通过创建CD 数据库索引音乐,后来成立了装饰音(Gracenote)公司。	**2004 年:Wolfram Alpha** 在线自动问答系统,属于知识型计算引擎 沃尔弗拉姆·阿尔法公司推出一个知识计算网站,基于收集大量运算法则和数据管理,能够进行自动问答。
1968 年:机读目录 亨丽埃特·艾弗拉姆在美国国会图书馆创建了机器可读目录系统,为图书定义代码形式和特定格式结构。			**1996 年:互联网档案** 存储网络历史 布鲁斯特·卡尔创建互联网档案,开始系统地抓取和存储网络状态。	

续图

1997 年:搜寻异构智能
个人可提供他们的电脑资源进行数据分析,搜索异构智能。

1998 年:谷歌
网络搜索引擎谷歌和其他网络搜索引擎在网络系统中进行高效能文本搜索。

图 2.1　回顾:计算和数据科学近史①

数据世界的科学数据开放

缩小数据鸿沟:维持科学的自我校正原则

当前技术足以实现对庞大复杂的数据进行存储与访问,这就触动了科学的“自我校正”原则。如果一些基础性数据既不能获取也不能得到评估,那么一个理论如何才能得到进一步质疑或校正?对许多科学家来说,30～40 年前的规范是,发表一篇文章需要包括该文章实验的完整描述、数据结果、不确定性评估及验证、重新实验或可重复使用数据的详细资料。数据处理方式已经成为许多科学领域取得进展的基础,但是同时产生了非常复杂的海量数据,以至于科学期刊不能采

① WolframAlpha(2012). *Timeline of systematic data and the development of computable knowledge*. 参见:http://www.wolframalpha.com/docs/timeline/computable-knowledge-history-6.html.

取像以前一样的方式发布数据(见模块 2.2),如此一来经常使得大量数据与根据它们得到的科学结论分离。数据为数据,结论为结论,呈现出严重的数据鸿沟,影响着科学结论所应当遵循的复查制度,进而将破坏科学的自我校正原则。所以,对于支持科学论点的数据,必须要坚持可获得性原则,进而做严格的分析和重复验证,使得数据和科学论点能够对接得上。

理想的办法就是将支持科学论点的数据以及其他元数据存储在一个数据库,通过鼠标点击可直接连接到文章中进行使用。这种情况在一些领域已经出现。例如,超过 50% 以上的组学(Omics)(基因组学、转录物组学、代谢组学)和生物信息学领域的杂志等,均要求以特定的标准规范把数据提交到一个专门的数据中心(如欧洲生物信息学研究所创建的中心)。尽管遵从这种规则的趋势是正面的,但是一项新近的回顾①表明进展仍然缓慢(见模块 2.1)。

出版商应该要求已出版的论文的相关数据集必须能够以一定的电子格式进行存储和访问。另外,出版物应该指出在什么情况下,数据可供其他人访问。最近,英国皇家学会更新了它的期刊数据政策,以达到这些要求(见模块 2.2)。数据和元数据规范的合适标准需要被采用,科研资助者需要把数据与元数据的汇编成本作为整个科研过程成本的一部分。对此的意见和建议将在第四章与第五章中具体阐述。

模块 2.1　期刊的数据共享政策

在生物医学领域的 50 份最具影响力的期刊中,22 份期刊提出公共共享特定的裸数据是其论文发表的条件;另外 22 份虽然没

① Alsheikh-Ali A A, Qureshi W, Al-Mallah M H & Ioannidis J P A (2011). *Public Availability of Published Research Data oh High-Impact Journals*. PLoS ONE, 6, e24357.

有约束条件,但是鼓励数据共享;另外 6 份期刊没有相应的这方面的政策。2009 年通过研究每一份期刊发表的前 10 篇论文(共 500 份期刊)发现,351 篇论文涉及数据共享政策,仅仅有 143 篇论文完全遵循这一原则。忽视发布芯片数据,例如基因表达式研究中的那些产出,是最常见的违规。仅仅有 47 篇文章(9%)上传了完整的裸数据。[①]

		需要不同类型数据的保证政策				提供材料和方法的政策			全部数据
期刊	影响因子	微型矩阵	核酸	蛋白质	大分子	要求的材料	需要条款	发表的条件	占论文的百分比
新英格兰医学杂志	52.589								0
细胞	29.887								1
自然	28.751								0
柳叶刀	28.638								0
自然医学	26.382								0
科学	26.372								1
自然免疫学	26.218								9
自然遗传学	25.556								0
美国医学会杂志	25.547								1
自然生物技术	22.848								5
自然材料	19.782								0
免疫学	19.266								0
自然细胞生物学	17.623								0
临床研究杂志	16.915								0
普通精神病学纪要	15.976								0

① Alsheikh-Ali A A, Qureshi W, Al-Mallah M H & Ioannidis J P A (2011). *Public Availability of Published Research Data oh High-Impact Journals*. PLoS ONE, 6, e24357.

（续表）

		需要不同类型数据的保证政策				提供材料和方法的政策			全部数据
期刊	影响因子	微型矩阵	核酸	蛋白质	大分子	要求的材料	需要条款	发表的条件	占论文的百分比
国立癌症研究所杂志	15.628								0
自然神经系统科学	15.664								1
实验医学杂志	15.612								0
网络医学年报	15.516								0
临床肿瘤学杂志	15.484								0
自然方法	15.478								6
基因与发展	14.795								3
自然物理学	14.677								0
美国科学公共图书馆生物学杂志	13.501								2
神经元	13.41								0
分子细胞学	13.156								0
血液循环	12.755								0
美国科学公共图书馆医学杂志	12.601								0
发展细胞	12.436								0
胃肠病学	11.673								0
基因组研究	11.224								6
美国人类遗传学杂志	11.092								3
自然结构与分子生物学	11.085								0
美国心脏病学院学报	11.054								0
血液	10.896								0
肝脏病学	10.374								0

（续表）

期刊	影响因子	需要不同类型数据的保证政策				提供材料和方法的政策			全部数据
		微型矩阵	核酸	蛋白质	大分子	要求的材料	需要条款	发表的条件	占论文的百分比
现代生物学	10.539								0
内脏	10.015								0
英国医学杂志	9.723								0
血液循环研究	9.721								1
植物细胞	9.653								0
纳米快报	9.627								0
细胞生物学杂志	9.598								0
美国科学院院报	9.598								1
分子和细胞蛋白质组学	9.425								7
美国科学公共图书馆病原体学	9.336								0
美国精神病学杂志	9.127								0
美国呼吸道与危重护理医学杂志	9.074								0
神经病学年报	8.813								0
美国科学公共图书馆遗传学	8.721								0

模块 2.2　皇家学会数据发表和材料共享政策

为了让他人能够验证和运用期刊所发表的论文，英国皇家学会要求作者发表论文需具备一项条件，那就是论文的数据和研究材料可供他人获得。

> 数据集应存储在一个合适的公众可接受的数据库,相应的数据集访问账号、链接或者数字资源唯一标识符(DOI)应放在论文的研究方法章节,数据集的参考文献应放在文章的参考文献列表中,并提供数据识别码(如果有的话)。
>
> 如果没有特定领域的数据库,作者可将数据集放在通用的数据库中,如得律阿德数据库(http://datadryad.org/)。如果可能的话,任何其他有关的研究材料(如统计工具、协议、软件等)也应在论文的研究方法中提供。作者在提交稿件时,必须表明有关数据和研究材料可获得性的限制性说明。

促成信息的可获取性:各种数据以及各种需求

这份报告对于数据公开有明确态度,那就是作为支撑论文论断的数据,必须要采取智能开放。但是更多的数据产生于科学项目,而不是支撑论文论断的,所以要通过结构化数据集合,这样数据将会对科学发现创造更大的机会。同时,如不采取措施,则会造成很大损失。目前有一种趋势,那就是通过公共的可获得的数据库向协作型数据管理转变,但这并不一定适合所有的科学领域。

破解生物学难题将越来越依赖对数据的常规性分析能力,如1996年百慕达原则①要求基因组测序数据须立即进入公共领域。如何访问这些不断增长的数据是一项持续的挑战,而数据发布则相对简单,新的测序

① 1996年在百慕大召开的人类基因组排序首届国际战略会议期间达成一项协议,即基本的基因组序列一旦生成就应马上进入公共领域:"所有大型人类基因排序计划资助的研究信息都应免费发布到公共领域,以便鼓励进一步的研发工作,使这一工作最大限度地服务于社会。"Human Genome Project(2003). 参见:http://www.ornl.gov/sci/techresources/Human_Genome/research/bermuda.shtml#1

技术最近已经把数据储量增加到了千兆兆字节范围(见模块2.3)。2012年国际1 000项基因组计划产生的200兆兆字节的数据将上传到亚马逊的云服务,解决并克服目前存在的数据获取问题。但在开发、存储、访问和分析工具的同时,也促进了若干庞大的生物信息学团体出现——融合分子生物学与信息学。这些工具有利于利用基因组信息来理解人类疾病,对于药物开发中新分子识别等的进展都是必不可少的一部分。

在利用开放数据资源的基础上,一些先进的建模工具已经建成。国际《模拟肿瘤学》开发了一款新的关于肿瘤生长的数学模型,利用最新医学建模和患者数据来模拟在不同治疗体系中肿瘤可能出现的不同反应。"致癌模拟器"根据新患者的临床条件改变其参数,这种模型有望通过提供个性化的治疗方案来支持医生和患者的决定。而这一定制治疗只有在科研人员可获取癌症患者记录数据库信息的情况下才可能实现。

模块2.3　日益增长的科学数据——欧洲生物信息学研究所和欧洲核子研究组织紧凑型缪子螺线管探测器

下图显示了2006～2010年之间欧洲生物信息学研究所和欧洲核子研究组织紧凑型缪子螺线管探测器实验全球数据存储容量的增加。具体案例的详细信息请参阅附录一。

随着研究团体的不断扩大,包括基础生物学、临床和环境生命等领域,欧洲生物信息学研究所数据量持续增加。但他们不太可能赶上欧洲核子物理研究组织产生的数据量。紧凑型缪子螺线管探测器这一项目能够收集原始数据和产生衍生数据,用来分析和模拟。对数据都有多重拷贝:原始数据总是在7个大型计算设施的两个冗余复制;衍生数据存储在分布式计算网格大约50个站点中的多个站点,以进行有效分析。

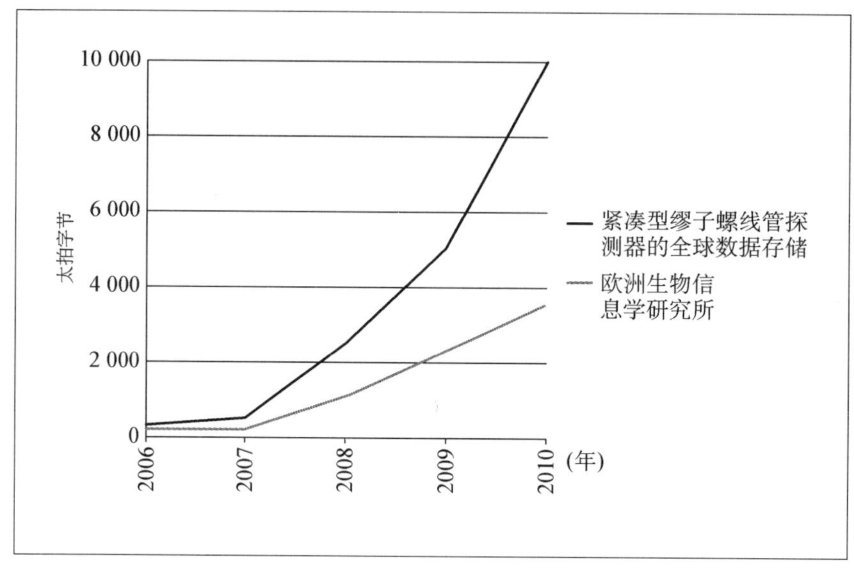

现在有许多科学领域进行数据收集、整合并建立数据库,这被看作是科学界的福祉,这种做法可广泛应用于理论验证测试和新理论假设。附录一给出了研究人员采取不同方法共享数据的案例。图 2.2 显示了不同数据类型以及访问和需求的偏好。

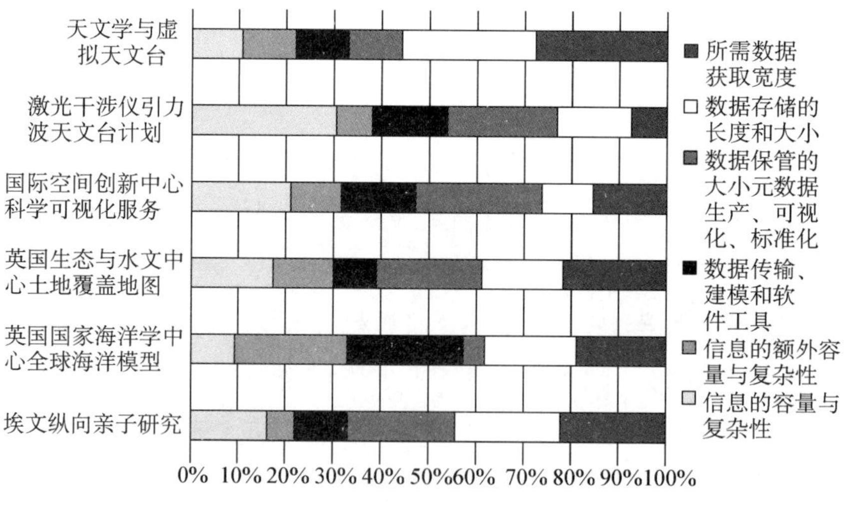

图 2.2　研究生命周期中改变数据需求

该图显示在科学研究过程中会产生不同属性的数据。开放数据类型要针对数据特性、数据保管与储存、数据访问需求（更为详细的描述见附录一）。为了说明不同领域的数据特性，下图显示的相对比例可约等同于在不同属性数据上所用的工作量。

相对于附录一中的例子，在许多科学领域中已经体现出了数据共享的好处，但也有许多科学领域即使是个人之间或小团体数据共享都不常见，也不被期待。毫无疑问，数据的共享只是发生在密切合作和可信赖的合作者之间。然而，有人认为，从长远来说，这种“小科学”研究可以产生和大科学、大数据科学一样有价值的数据。[①] 出现这样的现象部分是因为有成熟可用的数据库研究工具，这些数据库相对于实验室规模来说又大得多。[②] 这些领域的科学家们越来越多地把注意力转向他们的大学实验室和机构存储数据上来，采用通用的数据管理模式，建立典型的专业数据库。事实上，由于不同的小科学领域交流和生产的复杂性，这种典型数据库是不适合的。总部设在美国斯坦福大学的一项国际项目（多拷贝保护文件项目，英文缩写 LOCKSS[③]）为会员机构提供研究工具和相应支持以收集和保存其电子内容。这种模式对支持传统的成功小科学领域演变成中大型的科学领域发挥着非常重要的作用。同时，对于激发意识、挖掘数据管理潜力、确保现代数据密集型科学所需的多重技能和工具进行可持续的数据管理具有重要意义。关于数据有关问题和技能管理将在第 4 章中具体阐述，同时还将对数据发布时间以及数据编制的信用属性等进行具体论述。

---

① Carlson S（2006）. Lost in a sea of science data. The Chronicle of Higher Education，June.

② Cragin M H，Palmer C L，Carlson J R and Witt M（2010）. *Data sharing，small science and institutional repositories*. Philosophical，Transactions Royal Society A，368，4023－2038.

③ Library of Congress（2012）. Lockss program. 参见：http://www.digitalpreservation.gov/partners/lockss.html

科学的第四种范式?

科学探索的主要内容是观察自然界的各种模块,形成经得起实践检验的,并能解释其原因的理论。现代计算机运算能力能够识别非常复杂、迄今尚未发现的各种内在关系,并已成为英国①和世界各地数字科学项目的主要推动力。同时,计算机使信息学不仅仅能够在传统的特定学科领域进行科学探索,还可以从根本上改变学科的发展。

一些人②③认为,这代表了科学研究的第四种范式。经典的两种模式是实验和理论,然后是随着现代计算机出现,模拟成为科学的第三种范式。同时,随着计算机强大的数据分类、分析和处理能力,数据收集能更大规模地推断各种信息和关系,这将代表科学的第四种范式。除了科学假设需要数据收集进行验证和发展,识别数据库内存在的各种关系也是建立科学假设的前提。在数据导向的方法论中,数据是第一位的,主要体现在数据捕捉、管理和分析的一系列活动中。

应用这一方法的代表性例子是英国的生物银行。该银行包括了50万人的血液、尿样、唾液样本和相应的个人数据,同时,这些人同意进行健康状况跟踪。这一数据库将会对认识癌症、中风、糖尿病、关节炎、抑郁症和痴呆提供新的资源。通过这个例子可以说明,海量数据以及数据库的重要作用不仅仅局限于数字信息。

---

① Walker D W, Atkinson M P, Brooke J M and Watson P (2011). *Special theme: E-science novel research, new science and enduring impact*. Philosophical Transactions of the Royal Society A, 369,1949.

② Gray J (2009). *E-Science: a transformed scientific method*. In: The Fourth Paradigm: data-intensive scientific discovery. Hey T, Tansley S and Tolle K (eds.). Microsoft Research: Washington

③ Shadbolt N, Berners-Lee T, and Hall W (2006). *The Semantic Web Revisited*. IEEE Intelligent Systems, 21,3,96 - 101. ISSN 1541 - 1672. 参见:http://eprints.soton.ac.uk/262614/

数据链接到出版物以及链接技术的远景

目前出现的一种重要的发展趋势是,通过实时连接把发表的文献与数据源联系起来,从而更加有效地从文献中获取数据,同时对数据进行动态更新。这不仅能弥补研究思路(发表的文献)与支持数据之间存在的鸿沟,而且也能够促使科研成果与数据之间建立更加动态的联系。随着 PubChem(一个免费的、公开的有关有机小分子化学结构和生物活性的数据库)和 PubMed[①](一个可公开访问的数据库,内含来自 MEDLINE[②]、生命科学杂志、在线书籍等文献,引用达到 2 100 万次,引用包括来自 PubMed 和出版物网站的全文链接)的建立,这种趋势得到了进一步加强。

由学术专家、图书管理者、出版商、投资者和未来研究联盟(Force 11)组织等组成的一个国际团体,为本书提交了他们的证据,认为学术文章只是知识交流形式的一种,知识交流依赖于"研究客体,这一客体相当于一个盛满许多相关数据的容器。例如一篇文章就容纳了相应的数据库、工作流程、软件包等,所有这些都是调查研究的产物以及依此形成的一些新的理解"。在科学论文与支持其结论的数据之间,建立实时链接,就可以使得读者在阅读文章时运用数据,这种手段正是未来研究联盟想要实现的远景。图 2.3 显示了一个"拼贴作者环境"(Collage Authoring Environment)系统,在标准的在线期刊加入互动元素,产生"可执行"文本[③]。

---

① NCBI (2012). PubMed. 参见:http://www.ncbi.nlm.nih.gov/pubmed/

② U.S. National Library of Medicine (2012). MEDLINE®/PubMed® Resources Guide. 参见:http://www.nlm.nih.gov/bsd/pmresources.html

③ Elsevier (2011). *Executable Paper Grand Challenge*. 参见:http://www.executablepapers.com

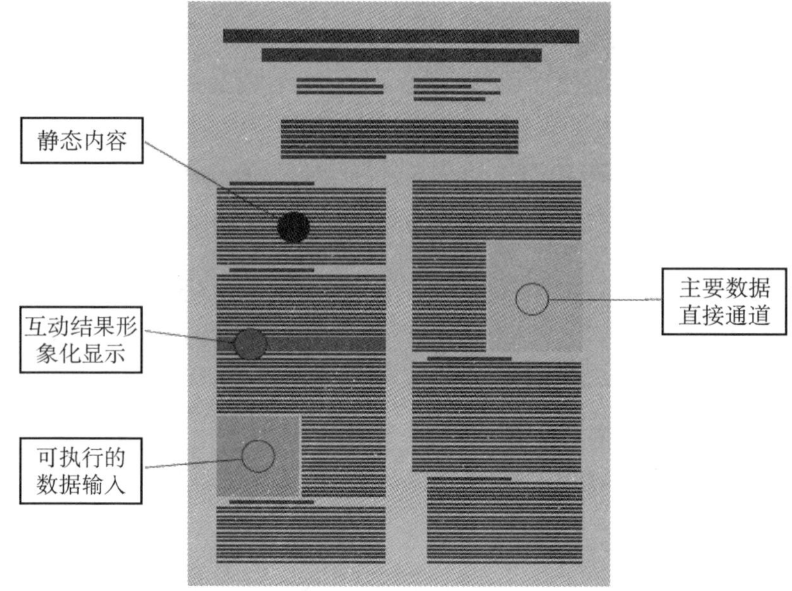

图 2.3 拼贴作者环境中的可执行文本①

以上是可执行文本的概念图。静态内容主要是指论文出版物,这部分可通过互动元素进行延伸。读者可以通过访问数据和重新验算,来验证论文所提出的结论或者浏览科研结果的导出过程。经过作者同意,读者还可以获取到论文中实验的代码程序。从而它可以成为一个基于网络可集成的出版商门户基础设施。

除了实现数据与论文之间的链接,这一设施现在还可以实现数据库与其他相关数据库之间的直接链接。这不只是互引,链接的语义数据技术将会进行更深入的整合。这是因为语义数据是特定的元数据,可以建立数据之间的关系。想象一个简单的例子,如一台计算机不仅能理解一栋房子的地契和房主名字是相关的,而且能理解是如何相关

① Nowakowski et al (2011). *The Collage Authoring Environment*. Procedia Computer Science, 4, 608 - 617. 参见: http://www.sciencedirect.com/science/article/pii/S1877050911001220

的，所以当这栋房子被出售后，计算机将自动更新契约变更过程①，包括描述和识别数据的机器可读信息，为已经计算机化的数据创造机会——使用数据之间的关系类型，而不仅仅是数据相关的事实。

一个具有全球链接的数据库网络已经发展起来，对数据标识和数据描述进行标准化地处理。通过采用统一资源标识符（URIs）和资源描述框架（RDFs），英国广播公司、汤森路透社、美国国会图书馆等一些机构现在已经把 295 个数据库链接在一起。为支持这一机制，2007 年万维网联盟的语义网教育及扩展工作组（W3C SWEO）启动了“链接开放数据社区项目”，链接数据库之间的资源描述框架数已经从 2007 年的 12 万上升到 2011 年的 504 万（图 2.4）。

如果搜索引擎代表的是第一代互联网搜索工具，那么语义分析则代表了网络搜索的第二代技术，它不仅能够识别文件（或数据库），而且还能识别它们之间的相互关系；不仅能够整合数据产生的新知识——被认为是正在全球扩展的科学的第四范式，还将会对学术实践带来不可预测的变化。从第一代搜索引擎起，通过提供期刊出版，而不再通过加盖公章对研究者学术质量进行评价，谷歌学术搜索已成为学术研究者②知识传播的一种主要形式。可以想象，如果成熟的语义数据网得以应用，将会给数据共享带来什么样的变化？

然而，语义网在实现数据库链接，并形成更深和更好的综合认识方面还存在很多问题。如语义网中的数据描述词汇（存在元数据），由于不同种类的数据库而存在极大差异，以致缺乏一整套统一的词汇来

① Berners-Lee T (1994)首先使用了这一案例。1994 年召开的首届世界网络会议，世界网络日内瓦会议大会部分。参见：http://www.w3.org/Talks/WWW94Tim/.更一般的概述见于 Shadbolt N, Berners-Lee T, and Hall W (2006). The Semantic Web Revisited. IEEE Intelligent Systems, 21,3,96 - 101. ISSN 1541 - 1672.

② 学术界通常会保存工作底稿和一个保存完好的出版页面，因为出现在谷歌学术搜索上的这些出版物也会出现在在线杂志页面。

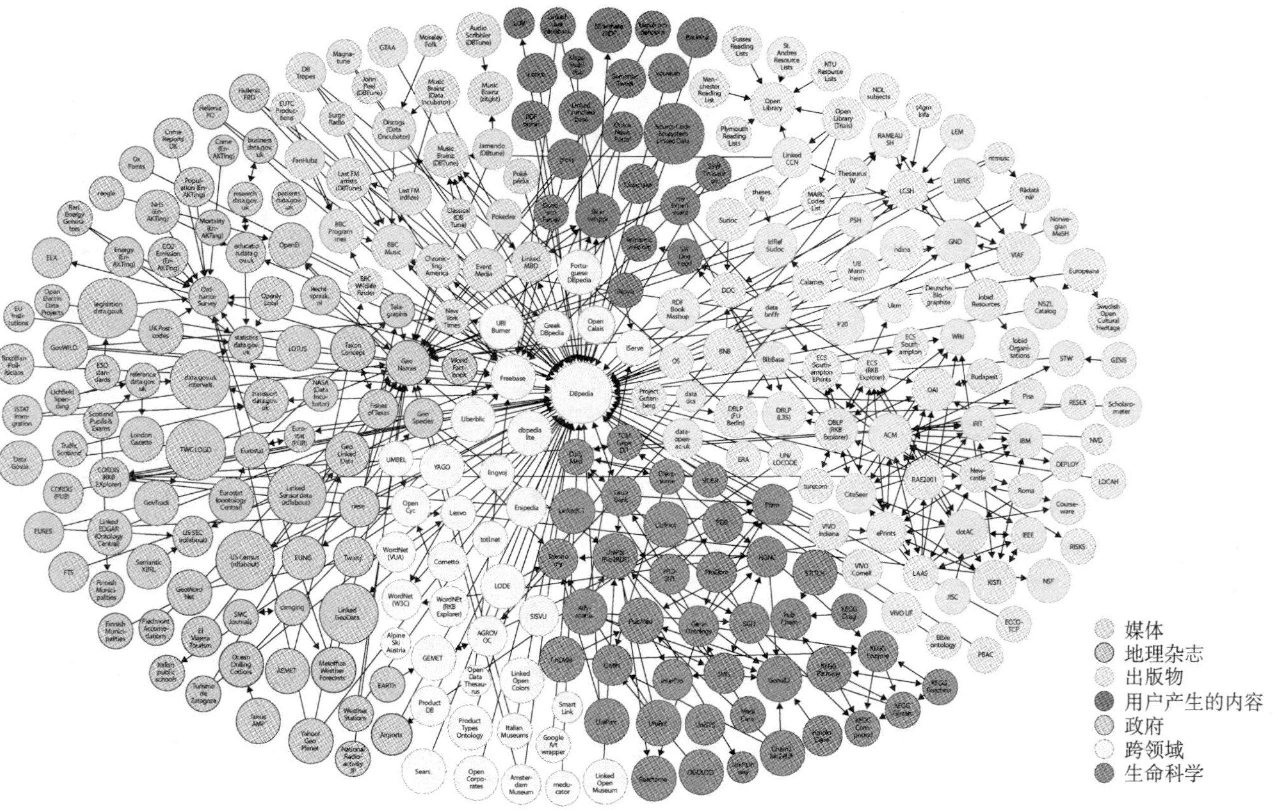

图 2.4 “链接开放数据社区项目”数据相互链接图①

① W3C (2012). 参见:http://www.w3.org/wiki/SweoIG/TaskForces/CommunityProjects/ LinkingOpenData

揭示数据背后的意义，其结果就会产生孤立的信息碎片。尽管数据集相互链接，但不能进行真正意义上的相互操作。在这种情况下，一些人认为资源描述框架系统不能很好地解决这些问题，需要其他的数据连接方式①。实现这一目标的一个方式将是，提高系统搜索元数据的能力，在当今先进的搜索引擎下要更多利用自由文本索引（the free-text indexing）。

尽管许多的数据库定期更新（如图 2.4 所示的那些数据库），但是资源描述框架的更新却不经常与数据库保持同步，因而变得陈旧。所以语义网在能够实现数据库管理功能从而使得数据库变得可靠之前，有大量的工作需要做。

复杂计算模拟的到来

对某一现象进行数学建模早已成为科学研究的一种工具，是一种正式定量描述的科学理论。它能够使科学家产生量化的预测和见解，求解尚在非定量的理论模式中接近确切答案的问题。对裸数据的处理方法可以使得创建数学模型变得高效，同时，随着计算能力呈指数增强，数学建模的精细程度也到达了一个新的水平。科学家们第一次能够通过模拟来研究探索真正的复杂系统，如气候演变、生物有机体活动、城市结构和动力学②。当今模拟技术在科学实践中的应用随处

---

① Freitas A, Curry E, Gabriel Oliveira J, O'Riain S (2012). *Querying Heterogeneous Datasets on the Linked Data Web: Challenges, Approaches, and Trends*. Internet Computing, IEEE, 16, 1, 24 – 33. 参见：http://ieeexplore. ieee. org/xpl/RecentIssue. jsp? punumber = 4236

② Wilson A (2012). *The science of cities and regions: lectures on mathematical model design*. Springer: Heidelberg.

可见,相对于理论和实验[①]已成为第三个基本工具,功能也大为扩展。从以前仅仅能够协助科学家从事科学研究,到现在已转变为帮助科学家如何做科学研究和做什么样的科学研究。对于许多悬而未决的科学问题,模拟技术都起到了基础性的作用,领域跨越从气候、地球系统科学(如 Slingo *et al*[②])到流行病学(尤其是流感大流行模型,如 Ferguson *et al*[③]),从物种分布模型(如 Benton[④])到免疫学(如 Coen[⑤])等。

计算机模拟相当于物质实验,但其具体实验对象是数学方程,而不是物理实体,产出类似物理实验产出的数据,与原始测量数据(许多模型输入,或作为中间纠正模拟的结果)并无什么不同。虽然这些数据需要对一些算法进行详细描述,但是原则上没有理由认为模拟数据是有别于其他形式的科学数据。在生物科学的一些研究领域,数学模拟已成为研究人员的日常性工作。例如欧洲生物信息学研究所(EBI)运行经同行评议的、发表生物学计算模型的生物模型数据库。[⑥]

许多模拟的复杂性带来理解上的问题,通常会出现很难用一个简单的表述来说清因果关系的情况。这种关系正是简单科学一直尝试解释的。例如,量子化学的"从头开始"模拟,可以从量子力学第一性

---

① Bell G, Hey T & Szalay A (2009). *Computer Science. Beyond the data deluge*. Science: New York, 323, 5919, 1297 - 8. 参见:http://www.sciencemag.org/content/323/5919/1297.short.

② Slingo et al (2009). *Developing the next-generation climate system models: challenges and achievements*. Philosophical Transactions of the Royal Society A—Mathematical, Physical and Engineering Sciences, 367,1890,815 - 831.

③ Ferguson *et al* (2007). *The role of mathematical modelling in pandemic preparedness*. International Journal of Antimicrobial Agent, 29,2, S16 - S16.

④ Benton M J (1997). *Models for the diversification of life*. Trends in Ecology & Evolution, 12,12,490 - 495.

⑤ Coen P G (2007). *How mathematical models have helped to improve understanding the epidemiology of infection*. Early Human Development, 83,3,141 - 148.

⑥ EMBL-EBI (2012). *BioModels Database—A Database of Annotated Published Models*. 参见:http://www.ebi.ac.uk/biomodels-main/

原理预测化学反应，但是没有一个明确的输入输出因果关系，这也导致了对模拟有效性的质疑。“这只不过是一个模型”已成为通常针对诸如气候模拟等的轻蔑评论。然而，有关气候模拟已成为理解高度复杂系统必不可少的一环。

模拟的预测能力或者反映现实的能力取决于其准确程度，取决于对要研究问题实际理论的接近程度、精确程度或者可重复性，而这些都由数学运算法则以及计算机运算精度决定。许多模拟由于对研究问题的特性和关系的理解不足，对模拟所设的假设存在着不确定性，从而导致模拟的预测性存在非常大的误差。在一些非线性系统的模拟中经常会出现灵敏度问题，即数据、模型代码或计算环境发生微小变化，模拟结果将出现很大不同。对于一些本质上存在混沌行为的研究问题，模拟的有效性验证更多体现在统计学而不是精确复制。

随着计算机模拟成为科学研究的一种成熟的基本工具，高标准的商业编码一定会进入科研实验室，成为一种规范。当模拟作为一种调查研究的主要工具，以及代码处于不断发展和纳入新认识①的研究环境下，成为这种规范会变得特别困难。但是一个重要的目的是，确保模拟是由其运算法则所决定，而不是由不同类型的编码、计算机或编译程序所决定的。

计算商品化的发展造就了日益强大的软件工具，例如基本局部序列比对工具（BLAST②），以及基于过程的算法和语言的连续性模拟算

① 正如在计算机建模（见附件四）圆桌会议上所讨论的，庞大而复杂的模型除了经常代表许多人多年的工作成果外，还可以理解的是研究者一般不愿公布模型。其原因一是该模型可能具有很高的商业价值，二是可以产生影响力论文。有关模型的商业价值，以及数据和模型的共享的激励机制将在本书其他部分论及。

② Basic Local Alignment Search Tool (2012). 详见：http://blast.ncbi.nlm.nih.gov/Blast.cgi.

法(SpiM[①])。该算法可以把复杂的、动态的生物或生态过程(如自然过程)更有效地呈现出来,使其能够作为模型进行测试并应用于实践。面对这些新的发展,科学界需要能够更好地分享模型,这种需求很有可能成为今后几年发表文章的中心需求。科学界已经开始设立共同标准以解决模型分享与传递过程中的一些基本问题。例如,在生物建模研究中已经有了系统生物标记语言(SBML)和细胞标记语言(CeIIML),欧洲生物信息学研究所设立了一个生物模型数据库,提供经同行评审或已发布的计算生物学模型[②]。

这些标准为选取模型制定了最低要求,使模型能够参照数据进行对比和测试。然而,仅仅设立标准并不能满足分享与传递模型的需要。模型软件代码应该更加公开,使科学界和同行评审都能轻松获取。科研资助机构也可以为促进这一进程发挥较大作用。虽然模型发布超出了本书的讨论范围,但这里仍然要提及这一重要问题,因为它可能很快会成为行业探讨的热点。

实验科学的一条固有准则是忠实记录实验细节,这是科研人员培养过程中不可忽视的一点,在科学家设计计算机模拟的实践过程中也至关重要。同样,计算机模拟过程的细节也需要其他专家进行监督,分析其操作并验证实验成果。需要验证的实验细节由计算机模拟的性质决定。例如,英国大气数据中心(British Atmospheric Data Centre)就为何时以及如何组织信息与数据进行气候模拟提供详尽的指导[③]。

---

① Larus J (2011). *SpiM: a MIPS32 Simulator*. 参见:http://spimsimulator.sourceforge.net/

② EMBL-EBI (2012). *BioModels Database—A Database of Amotated Published Models*. 参见:http://www.ebi.ac.uk/biomodels-main/

③ NERC (2012). Archiving of Simulations within the NERC Data Managemat Frumework: BADC Dolicyand Guidelines. 参见:http://badc.nerc.ac.uk/data/BADC_Model_Data_Policy.pdf

原则上讲,如果一项模拟的成果会对社会产生重大影响,那么这项模拟就应经得起民众的评估。然而,有些模拟十分复杂,只有专家才能真正对其进行评估。比如为城市规划设计的城市运行模拟,或是模拟气候及环境系统以预测未来变化。尽管如此,对于操作过程及实验成果关乎重大公共利益的模拟项目,模拟时无论是预测实验成果还是将实验成果作为制定政策的参考,遇到的问题都应反映出来,并标识不确定性的程度,这是至关重要的。就这一点而言,气候代码基金会①(Climate Code Foundation)等组织在提高气候科学软件的透明度以及公共传播方面起到了极大的作用。

技术启动的网络化与协作化

有关科学研究的地理和社会因素正在发生改变。20世纪40年代开始,人们逐渐认识到科学对国民经济发展的促进作用。这一认识标志着专为国家重点发展目标而设立的科研基金的时代开始了②。约翰·齐曼(John Ziman)认为③,围绕这些国家重点发展目标,科学的形式发生了调整,研究工作不再仅仅由个人或小团组独立进行,而是基于更大群体的合作。这样的正式合作如今在科学界已发展得较为成熟,从多国分时共享大型望远镜设备,到以联合国气候变化框架公约(UNFCCC)为平台的气候数据汇集分析④⑤。各类期刊发表的论文

---

① Climate Code Foundation (2012). Student Interships. 详见: http://climatecode.org/

② Bush V (1945). Science: The Endless Frontier. United State Government Printing Office: Washington.

③ Ziman J (1983). *The Collectivization of Science*. Proceedings of the Royal Society B, 219,1-19.

④ Genuth J, Chompalov I & Shrum W (2007). *Structures of Scientific Collaboration* 参见:http://mitpress.mit.edu/catalog/item/default.asp? ttype=2&tid=11233.

⑤ Wuchty S, Jones B, Uzzi B (2007). *The increasing dominance of teams in the production of knowledge*. Science, 316,5827,1036-1039.

中,超过35%都是基于国际合作完成的;这个数据在15年前是25%。这类合作的实现,得益于计算机与通信技术的发展。由此,科学研究的新方法不断涌现。很多情况下,全球虚拟网络①和各个专业团体之间的共同兴趣使得进一步合作成为可能,而科学的发现、知识及技能的交流则促生了这种合作,也同时改变了各国乃至全球的科学研究的重心。

科学发展跨学科的趋势日渐明显②:不同学科之间共享研究思路和工具,使得学科间的界限变得模糊。这种变化对科学研究的资金、开展、交流、评估以及教授都是一种挑战。在这样的过渡阶段,开放的数据资源十分重要,而若要抓住新机遇,更需要进一步积极地分享数据。

通信技术的发展带来新的互动模式,由此改变了科学的社会动态,发掘出科学界的集体智慧。互联网的免费资源和搜索引擎已经融入了科学研究,取代图书馆成为信息、搜索以及分类的一大来源。新工具如“我的实验”(myExperiment)③等的出现,能够更有效地分享和介入科学工作流程。维基站点和博客上即时、公开的讨论也改变了学术探讨的动态——有时甚至令人惊叹。2009年1月,菲尔兹奖得主、杰出数学家蒂姆·高尔思(Tim Gowers)发起了“博学者项目”(Polymath Project)。他开设了一个博客作为开放平台,专门探讨复杂的数学未解难题。他提出了这样的问题:“用大众的智慧解决数学难题可行吗?”然后他在博客中发布了一道数学题,并提供了自己的一

---

① Nielsen M (2012). *Reinventing discover: the new era of networked science*. Princeton University Press: Princeton.

② Nowotny H, Scott P, Gibbons M (2001). *Re-Thinking Science: Knowledge and the Public in an Age of Uncertainty*. Polity Press: London, UK

③ University of Manchester and University of Southampton (2011). Myexperiment. 参见:http://www.myexperiment.org/

些思路，邀请其他人共同解决。随后，有 27 个人留下了超过 800 条回复，很快就扩展了初步思路，也否定了一些不可行的想法。短短一个月，这道难题就解决了。他们不仅解决了这道难题本身，还进一步对其作出了概括。高尔思谈到这一点时说道："这就像是驾车和推车的区别。"①

高尔思的成功尝试之后，大规模合作的概念在数学界推广开来。据最新统计，现在有 10 个类似的项目正在进行中，有一些研究的深度已经超过了最初提出的问题。数学界对合作工具的使用也是从软件领域借鉴而来的。数学论坛"数学满溢"（MathOverflow）沿袭软件设计论坛"层积满溢"（StackOverflow）的模式，论坛成员通过回答别人提出的问题会获得铜、银、金不等的奖牌。这样的平台是对所有人开放的。但这并不意味着任何人都会参与这样艰深的探讨——这种开放在实际操作当中其实很有局限性，参与探讨的仍然是一个相当特殊的群体。这种开放曾被描述为"简直是反社交网络"。②

开放科学与公众

透明、交流与信任

向公众传播科学知识不应简单地告知结论，更应该揭示其背后的推理和证明过程。理想的传播方式应该能够接受评估，让接收方不仅

---

① Gowers T，Nielsen M（2009）. *Massively Collaborative Mathematics*. Nature，461，879－881.

② Keller J（2010）. *Beyond Facebook*：*How the World's Mathematicians Organize Online*. The Atlantic. September 28. 参见：http://www.theatlantic.com/technology/archive/2010/09/beyond-facebook-how-the-worlds-mathematicians-organize-online/63422/

明白结果,也能判断得出结果的推理和证明过程是否合理。科学知识的传播若是无法评估,受众就不能判断何时以及为什么科学研究的成果是可信的。例如,有关公共对话的参与者们就对英国研究理事会的(Research Councils UK)资料开放做法表示担忧,认为同样资料的不同解读会造成很多和不必要的困惑。

许多支持资料透明的提倡者们都理所当然地认为,在大众中传播的科学内容是清楚、恰当、准确和诚实的。然而,如果过分强调传播而忽视了更基本的认知与道德标准(如英国政府颁布的“科技工作者普遍道德规范”①),那么知识传播的真正意义反而丢失了②。

这些问题使科学陷入两难。虽然科学研究应避免迷信权威,就如英国皇家学会(Royal Society)的格言“勿信人言”(nullius in verba)(如未亲自实践,不要轻易相信任何事物),但涉及重大公共事务或关切的科学分析仍需要高度的专业水准。如果某一项公共政策的制定是基于某种艰深或不确定的科学原理,那么就必须经由公众同意才能制定该政策。并且为了公众利益,与这项科学研究有关的数据都应该全面公开。无论最终对此科学主张是否信任,都必须提出明确的相关证据。

如果认识不到公众在科学信息方面的合法权益,科研机构就很有可能丧失公众的信任。东安格利亚大学电子邮件内容泄露所引起的轩然大波就是个令人心痛的例子③。这些邮件暗示有人采取系统性的措施,来禁止一个领域的资料对外公开,而这个领域就是今天全球最严峻的问题之一——气候变化。寻求相关数据支撑自己论文的人们

---

① Government Office of Science (2007). *Rigour, Respect, Responsibility: a universal ethical code for scientists*. Government Office of Science: London.

② O'Neill O (2006). Transparency and the Ethics of Communication. In: *Transparency: The Key to Better Governance?* Heald D & Hood C (eds.). Proceedings of the British Academy 135. Oxford University Press: Oxford.

③ 关于这一系列事件的审查包括“缪尔·罗素”气候变化邮件独立审查(本书的主编也参与其中)以及下议院科学技术委员会、科学评估小组的审查。

多次向相关研究人员提出资料公开的要求,然而却得不到回复。于是他们只好求助于《信息自由法案》(FoIA),要求公开有关数据。

需要《信息自由法案》的介入反映出对一个原则的忽视,本书认为这一原则对科学十分重要,即对已发布的科学主张所依赖的资料数据进行公开。进一步公开数据集可以减少根据《信息自由法案》申请数据公开的事件发生,使资料的使用更加清楚,并可重复使用。《信息自由法案》只提供一种资料分享途径,而这种途径通常使得资料申请方和提供方都不满意。通过《信息自由法案》索取资料可以是匿名的,而回应索取要求的流程几乎没有给申请者和提供者任何直接交流的机会。

从目前现状来看,《信息自由法案》作为提供科研信息的方式并不令人满意,对信息申请人和被要求提供信息的科研人员都是如此[①]。申请人通过《信息自由法案》获得的数据通常缺乏背景信息,而且数据的形式也不易于分析和重复使用。不过,2012 年出台的《自由保护法案》(Protection of Freedoms Act)中规定,对于通过《信息自由法案》提出的信息公开申请,提供方有责任"提供合理可行的电子版本,使信息能够重复使用"[②],并且也有责任为重复使用提供许可。这一要求也许大大低估了"合理可行"或是收费合理的定义。有些科学数据对不熟悉相关研究项目的人也是易于使用的,而有些数据对使用者来说则是巨大挑战。

解决这个问题的方法之一是科学家们去设计一套实惠的"公共利益数据库",并在第三章所描述的边界之内,释放出数据以及那些能够被重用与被解读的元数据。然而,如果数据库收取费用,那么就需要

---

① 还有一点尤为重要,即任何个人或组织应《信息自由法案》要求提供资料而产生的费用应控制在合理的范围内,以免造成严重的经费负担。

② Parliament (2012). *Protection of Freedoms Act 2010 - 12*, Clause 102. 参见: http://services.parliament.uk/bills/2010-12/protectionoffreedoms.html

达成共识,即此类数据库里的资料不能够再通过《信息自由法案》申请获得(在通过《信息自由法案》申请时显示“此信息可通过其他方式获得”)。国际、各国数据中心以及英国研究理事会设立的“科研门户”网站(Gateway to Research)未来几年的工作都可能会涉及确定此类公共数据库的数据集,并着手建立获得更广泛数据的机制。

现代通信技术可以高效地传播明了准确的信息,但也以相同方式去传播不够清楚准确的信息。许多组织都为提供资料解决公众争论发挥了重要作用,例如英国科学促进会(British Science Association)、纳菲尔德基金会(Nuffield Foundation)以及维康基金会(Wellcome Trust)。学术社群为本报告中提到的“公共权益科学”也提供了不少技术上正确、科学上诚实易懂的信息。这就确保了公众能够获取有数据支撑的信息以及相关元数据,还有对当前科学假说和不确定性的清晰总结。

公众参与科学

能够获取、理解、评估和使用数据,对于公众参与科学以及进行学术研究十分重要。毕竟,这些数据来源于公共资助的科学,而他们都是纳税人。根据数据能够转化为信息和知识的容易程度以及使用者的知识水平,对元数据的需求将有所不同。如果数据对于信息申请者来说是新的知识,那么还应提供相关的科学背景。对于为公众提供信息的数据收集者和数据科研人员来说,要使业内专家和普通人都能获取满意的信息,该如何对数据进行取舍呢?这就回到了之前提到的,公共权益科学的概念应优先考虑那些公众可以获取、理解、评估和使用的数据集,而同时也要意识到专家和普通公众对于数据的需求和理解能力是不同的,因此可评估性因人而异。

开放性必须能够针对不同受众。应该意识到公众的需求各有不同。许多人想要了解关于某一个具体问题的相关科学知识,通常是影响他们生活的问题,比如疾病。这种情况下,患者团体或是与某种特定疾病相关的慈善组织就会发挥重要作用。相反,为数不多但却在逐渐发展为另一类群体的“草根科学家们”,他们希望能对某一特定问题的相关数据有更深一步的了解。他们正在形成一种影响力日益增强的“数字声音”,但他们中的许多人在自己感兴趣的领域缺乏正式的训练。有人质疑有关转基因作物、纳米科技、艾滋病毒与艾滋病、人为气候变化等问题;有人则提出尖锐却具有启发意义的问题,指出了科学研究中的重要错误和缺失[①];还有人凭借细致严谨的观察和测量成为了特定科学团体的一员,甚至正式参与科学项目(见模块 2.4)。大型开放型数据库越来越多,正在成为大众科学团体的有力资产,也有助于这类团体为科学进步作出贡献。大众科学运动的发展模糊了专业和业余之间的界限,改变了公众参与科学的性质,这可能会导致科学社会动力学的重大转变。免费和实惠的科学期刊及数据也促进了这一进程的发展。

模块 2.4　公民科技项目的案例

Fold. it 网站

fold. it 网站为参与者提供一个游戏,玩家需要解答氨基酸如何排列组成不同的蛋白质分子的各种难题。弄清楚蛋白质的排列方式是研发药物的关键。一些人体蛋白质的构成极其复杂,由1 000多个氨基酸以无数种可能的方式排列形成。找出其中最好的排列方式至今仍是生物界最大的难题之一,而现在的研究方法耗费大量时间和金钱,即使用计算机处理也要花费很

① McIntyre S (2012). *Climate Audit*. 参见:www. climateaudit. org/.

多时间。Fold.it 网站希望利用人类解决难题的直觉能力，通过玩家竞争排列最好的蛋白质的方式，预测蛋白质分子的结构。虽然有的玩家没有生物研究背景，却在排列蛋白质结构中表现相当出色，科学家们甚至研究这些玩家在玩 fold.it 游戏中采用的直觉策略。

星系公园(Galaxy Zoo)

星系公园让用户参与分析从美国航空航天局哈勃太空望远镜和斯隆数字巡天项目收集的成千上万的星系图片。该项目始于 2007 年，由牛津大学的博士生凯文·肖文斯基发起。凯文·肖文斯基希望通过“众包”(Crowdsourcing)的方式，让天文爱好者参与进来。天文学家对星系形状进行分类，分析星系如何形成。人类对形状进行分类，会比最先进的计算机做得好。32 万余人参与了星系公园项目。现在 1.2 亿个图片的分类已经完成，有超过 25 篇经同行审核的文章的数据来源于星系公园。该项目还促成了 4 个相似项目的形成：行星猎人(Planet Hunters)、银河工程(The Milky Way Project)、旧时气象(Old Weather)和太阳风暴观测(Solar Stormwatch)，这些项目也为另外 6 篇文章提供了数据。

伯克利开放式网络计算平台(BOINC)

大众市民科学(Numerous Citizen Science)项目采用的是“志愿计算”模式，志愿者提供自己家中的个人计算资源进行大型科学研究。现在有 50 多个正在进行的项目是通过加州伯克利大学的 BOINC 平台进行的。最有名的志愿计算项目是始于 1997 年的 SETI@home。个人提供自己的计算机资源来分析探寻外星人的数据——当然人类至今还未与外星人有联系。气候变化研究领域也采用了许多“众包”项目。

系统完整性:揭露不端行为和造假

重要的科学发现以及获得科研资源能够带来丰厚的回报。而这也可能会诱发政府部门及企业一些科研人员的不端行为,包括捏造数据,明目张胆地造假、有选择性地公布某类数据以支持某一假说等。

这并非新现象。1912 年,皮尔当原始人头骨发现 40 年后,越来越多的后续证据表明,原始发现与同时代的头骨化石越来越不相符合,皮尔当原始人头骨纯属伪造。随着科学证据的增加,这种造假恶行会被揭露,但是短期来说钱财浪费巨大,对个人也带来严重负面影响。而如果造假行为出现在直接影响到公共政策或公共安全的研究领域,比如医疗研究,则会带来更严重的后果。

简单来说,真正的科学,"应该考虑所有证据(而不是特意选取有利证据),控制各种变量以确定真正发挥作用的因素,客观观测以尽量减少偏见的影响,并且逻辑前后一致[①]"。科学实践忽略这方面的严谨性是最要不得的。

自科学文献中撤消论文,可以厘清误导性质的信息,避免足以歪曲科学知识的潜在可能。各类期刊必须有所准备,必要时撤掉稿件。从 2000 年到 2010 年间提交给 PubMed 的几十万篇论文中,有 742 篇被撤稿[②]。其中有正式撤稿申明的论文中,大约四分之一是存在造假的论文。

---

① Novella S (2011). A Skeptic in Oz. 参见:http://www.sciencebasedmedicine.org/index.php/a-skeptic-in-oz/

② Steen R G (2011). *Retractions in the scientific literature: is the incidence of research fraud increasing*? Journal of Medical Ethics, 37,249 - 53.

医学[①]和物理[②]领域的科研造假情况严重,大量论文被撤稿。2002 年,新泽西州贝尔实验室的物理学家让·亨德里克·舍恩(Jan Hendrick Schön)在过去的两年中发表的至少 17 篇论文均属伪造或编造。若舍恩的研究结果正确,本会对固态物理学产生革命性的影响。2006 年,韩国科学家黄禹锡(Woo Suk Hwang)发表了两篇论文[③④],详细介绍了第一个克隆人类胚胎的培养情况和病人特色干细胞系的变化。而两篇文章随后均从《科学》杂志上撤稿[⑤],因为其研究结果是伪造的。当时的媒体大肆报道。该事件对本就充满争议的干细胞研究领域造成了严重的影响。黄禹锡所伪造的科研发现,一度让许多绝症患者误认那种可以量身定制的新型干细胞治疗方法即将出现。

在 2000 年到 2010 年间,一些与临床试验相关的论文被撤稿,涉及参与临床试验的患者约 80 000 名[⑥]。临床试验期刊论文撤稿数量的增长,远远快于论文发表数量的增长(见图 2.5)。当然,我们现在还不清楚撤稿数量的增加是因为期刊检测技术的完善还是科研质量下降、研究方法存在问题等。许多新技术,如"目前状况"技术(CrossMark)[⑦]

---

① Marcus A (2009). *Fraud case rocks anesthesiology community*. Anesthesiology News, 35,3.

② Service R F (2002). *Bell labs fires star physicist found guilty of forging data*. Science, 298,30e1.

③ Hwang W S, et al. (2004). Evidence of a Pluripotent Human Embryonic Stem Cell Line Derived from a Cloned Blastocyst. Science 303,1669 - 1674.

④ Hwang WS, et al. (2005). *Patient-Specific Embryonic Stem Cells Derived from Human SCNT Blastocysts*. Science, 308,1777 - 1783.

⑤ Cyranoski D (2006). *Rise and fall*. Nature News. 参见:http://www.nature.com/news/2006/060111/full/news060109 - 8.html

⑥ Steen R G (2011). *Misinformation in the medical literature: what role do error and fraud play*? Journal of Medical Ethics, 37(8),498 - 503.

⑦ Cross mark (2012). *Helping Researchers Decide What Scholarly Content to Trust*. 参见:http://www.crossref.org/crossmark/

等，可以在即时更新的期刊数据库中检测一篇论文，告诉读者这一版本是否是最新的文章，是否经过修订。这些服务不仅能有力地促使作者更愿意修改论文，也使得其他科研人员能够得到最新的修订版本。

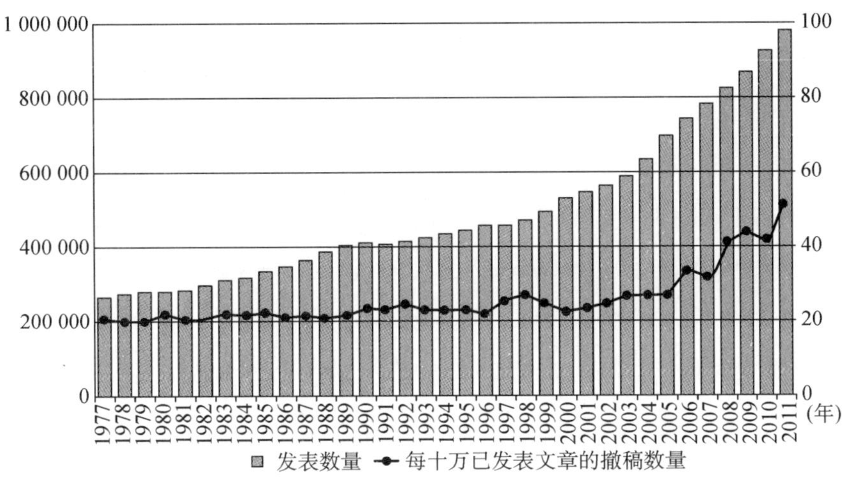

图 2.5　临床试验领域期刊论文发表数量(柱状)
与撤稿数量(线状)1977～2011 年[①]

科研论文如果只是存在错误，而非伪造，则不容易被撤稿。然而，识别错误如何产生，这同样是科学自我修正的一部分，因为新的发现正是在自我修正中获得。诺贝尔奖得主理查德·费曼(Richard Feynman)说："如果您下定决心来测试某个理论，或者如果您想解释某个观点，您应该一直发布它所产生的任何结果。如果我们只公布某类结果，我们可以使论点看似可行。然而，我们必须发布正反两种结果[②]。"

① 在征得 PMRetract 网站创始人尼尔·桑德斯(Neil Saunders)同意再版。PMRetract 网站是一个能够按照年度来跟踪和分析 PubMed 被撤下文章的应用型网站(2012)，参见：http://pmretract.heroku.com/byyear

② Feynman R P (1974). Cargo cult science. 参见：http://calteches.library.caltech.edu/3043/1/CargoCult.pdf

理解上的偏差(bias)来自缺乏经验的设计、数据采集、数据分析或者数据呈现,以及集中性缺失值(earnest error)[①]或者统计性武断论(statistical naivety)[②]的缺陷。在医学科学中特别要注意的是,还有一种偏见会严重影响理解,即在临床试验中,当没有观测到有利证据时,不公布不利的观测结果。[③]

《英国医学杂志》[④]最近发表了一系列文章(见模块 2.5),专门讨论未公布的证据的数量、原因及后果。美国食品与药品管理局(FDA)未公布的试验结果数据对所报道的药物药性结果有影响[⑤]。例如,已经公开的文献表明,抗抑郁药物的临床试验中 94%的结果显示有积极作用,而食品与药品管理局对所有试验的分析显示,只有 51%的结果显示有积极作用。所以如果只考虑所公布的试验结果,一种药物的积极作用会上涨 11%到 69%[⑥]。有文章指出,这种不完全公布科研实际

---

① 即:样本,或者样本中的若干变量没有内容,包括三种可能:1.数据采集不完整,可利用其他样本的数值进行推估值的计算;2.某些具有共通潜在特征的样本,均会对此产生无法作答的情况,这种情况需要运用潜变量分析找出无作答样本的共性;3.采集工具容易产生缺失值,此时要用项目测量检验找出无作答样本的共性。这三种处理方法又会各自带来研究结果以及发现上的不同论述内容,如果不做严谨的排查工作,而任意地发表统计结果,则有可能出现系统性统计错误。(译注)

② 指科研人员首先相信一个现象,再去设计观察这个现象的成因。又因为后来取得了若干统计意义上的显著性,于是认为该现象成因成立。而事实上,可能任何一种成因(或者不是成因)都能符合这种统计意义上的显著性。(译注)

③ Boulton, G., Rawlins, M., Vallance, P. and Walport, M. (2011). *Science as a public enterprise: the case for open data*. The Lancet, 377, May 14.

④ Lehman R and Loder E (2012). *Missing clinical trial data: A threat to the integrity of evidence based medicine*. British Medical Journal, 344, d8158. 参见: http://www.bmj.com/node/554663? tab = related

⑤ Hart B, Lundh A and Bero L (2012). *Effect of reporting bias on meta-analyses of drug trials: reanalysis of meta-analyses*. British Medical Journal, 344, d7202.

⑥ Turner E H, Matthews AM, Linardatos E, Tell R A & Rosenthal R (2008). *Selective publication of Antidepressant trials and its influence on apparent efficacy*. The New England Journal of Medicine, 358,252 - 260. 参见: http://www.nejm.org/doi/full/10.1056/NEJMsa065779

结果的作法就是一种科研不端行为①。

模块 2.5　临床试验的登记注册

疏于报告临床试验结果可能导致论文发表的偏差（故意忽略不确定或负面结果而只报告正面结果），这一问题出现已有多年。自 2004 年以来已有各种针对这项问题的政策出台，规定如果想要发表试验结果，就要在招募发病患者参与研究之前，在公共注册系统中［包括美国国立卫生研究院（NIH）的数据库（ClinicalTrials.gov）或是欧洲药品管理局（EMA）的欧盟临床试验注册系统②③］登记临床试验的记录④。应当在每项研究启动前，强制性要求登记注册一个最小数据集，包括试验题目、试验研究的条件、试验设计以及主要和次要结果等 20 项内容⑤；试验结束后还应在该数据库及其他登记系统中发布基本结果，包括主要和次要的终端疗效。

这项政策的本意是在网上公开发布那些注册试验的所有信息，借此提高研究的透明度和可信度，以解决发表错误与偏差的问题。

---

① Chalmers I (1990). *Under-reporting research is scientific misconduct*. Journal of the American Medical Association, 263, 1405 - 1408.

② ClinicalTrials.gov (2012)。参见：http://clinicaltrials.gov/

③ Eu Clinical Trials Register (2012)。参见：https://www.clinicaltrialsregister.eu/

④ De Angelis C, Drazen JM, Frizelle FA, Haug C, Hoey J, Horton R, Kotzin S, Laine C, Marusic A, Overbeke AJ, Schroeder TV, Sox HC and Van Der Weyden MB (2004). *Clinical Trial Registration: A Statement from the International Committee of Medical Journal Editors*. The New England Journal of Medicine, 351, 1250 - 1251.

⑤ World Health Organisation (2005). *WHO Technical Consultation on Clinical Trial Registration Standards*. 参见：http://www.who.int/ictrp/news/ictrp_meeting_april2005_conclusions.pdf

然而,《英国医学杂志》最近发表的一篇科研论文显示,目前仍存在发表错误与偏差的问题,以上所提到的要求还需进一步努力实现。尽管在及时发布临床试验结果上,已经取得了一些进展,然而美国国立卫生研究院资助的临床试验中,只有不到一半在试验完成后的30个月内发表在同行评议期刊上,有三分之一的结果直到试验完成后的第51个月还未发表①。此外,仅有22%的试验在完成后的一年以内在数据库上发布了强制要求的试验结果摘要。但是,与其他资助形式相比,产业界资助试验的结果发布率呈上升趋势(40%)②。进一步的研究发现,为了对试验结果有一个全面的把握,往往需要将临床试验登记注册、同行评议期刊以及国际研究报告等渠道所发布的信息结合起来。然而就是这样,也难以确保对试验的全面了解(所谓全面的定义是指提供足以进行后设分析的数据)。③

要求所有的临床试验和摘要结果都在公共注册系统中登记无疑是政策上的一大进步,然而更关键的是这一政策的监督与执行。

《英国医学杂志》的编辑曾断言将数据封闭起来不予公布是

① Ross J S, Tse T, Zarin D A, Xu H, Zhou H, Krumholz H M (2012) *Publication of NIH-funded trials registered in ClinicalTrials. gov: cross sectional analysis*. British Medical Journal, 344, d7292.

② Prayle A P, Hurley M N and Smyth A R (2012) *Compliance with mandatory reporting of clinical trial results on ClinicalTrials. gov: cross sectional study*. British Medical Journal, 344, d7373.

③ Wieseler B, Kerekes MF, Vervoelgyi V, McGauran N and Kaiser T (2012) *Impact of document type on reporting quality of clinical drug trials: a comparison of registry reports, clinical study reports, and journal publications*. British Medical Journal, 344, d8141.

严重地违背科学伦理的行为，而且在公布数据方面不作为的临床研究人员应受到专业组织的处罚[①]。本报告强烈建议实施开放报告的强制性体制。

虽然我们应尽力鼓励高水准的个人和职业操守，使之符合通用伦理守则[②]规范要求，然而体制上的诚信（特别是通过开放科研的支持数据揭露出发表论文中的问题）才是威慑和识别那些造假以及不端行为的最行之有效的途径。

---

① Lehman R and Loder E (2012). *Missing clinical trial data: A threat to the integrity of evidence based medicine*. British Medical Journal 344, d8158. 参见：http://www.bmj.com/node/554663? tab = related

② Government Office of Science (2007). *Rigour, Respect, Responsibility: a universal ethical code for scientists*. Government Office of Science: London.

第3章

开放的界限

本书主张应当普遍开放数据,但同时应当认识到开放性并非肆意妄为。开放性原则至少在四个领域中有必要进行规范乃至限制,即商业利益、个人信息、安全性(防范意外的安全问题)、国家安全(防范蓄意攻击的安保等问题)。以下将简要介绍如何在这些领域中实施管理,使人们在享受开放性益处的同时不逾越规范的限制。

商业利益与经济效益

由科学成果开发出市场化产品的过程通常成本高昂。人们愿意承担这笔费用的前提是保护创新,防止快速仿制和不当竞争。专利制度在这一环节发挥着关键作用。它赋予发明者一项特权,使他们可以独享自己的工作成果而同时公开基本信息和知识。

一方面需要激励个人或团体探索新知识并获得财政上的收益,另一方面也需要兼顾基于新的科学知识而开发的产品和服务所带来的社会效益以及新知识广泛传播后更加多样性的创造性开发所带来的宏观经济效益。二者之间要寻求一种平衡。近几十年来这一关系在人类基因组(基因组知识有望成为主流生物医学治疗方式)等知识的爆炸性增长中表现得尤为突出。在人类基因组测序过程中,商业化的竞争对手对国际公共资金资助的研究项目团队形成了挑战。① 最终后者完成了人类基因组全序列图谱的绘制并公布了所有的序列草稿。好在商业化行为没有占主导地位,否则相关数据可能只能在利益关系明晰之后才可以使用。这些商业行为还可能引发一股国际"基因组淘金热"。这种紧张局势促使联合国在1997年通过《人类基因组和人权宣言》。然而,鉴于许多国家的专利办公室批准了和人类基因序列有关的数千项专利,宣言的实际影响尚不明朗。人们仍在不断的争议之中寻求平衡:与基因相关的发现是否应属相关法律规定的专利范畴;许多人视基因信息为人类共同遗产,基于其开发出专利是否符合伦理等。②

随着越来越多的人将数据本身视为一种商业资产,囤积它们就比共享它们的压力上升得快。人们逐渐有种共识:数据是一种重要的生产原料,可与资本和劳动力相提并论③。谷歌公司拥有的数据超过欧洲生物信息研究所和大型强粒子对撞机的数据总和,并且催生了数据分析行业。该行业的企业专门从事数据管理与分析,其行业总价值已超过1 000亿美元,并且以接近每年10%的速度增加,这一增长速度约相当于软件行业的两倍。数据分析行业为客户公司提供服务,帮助

---

① Shreeve J (2005). *The Genome War: How Craig Venter Tried to Capture the Code of Life and Save the World*. Ballantine Books: New York.

② Human Genetics Commission (2010). *Intellectual Property and DNA Diagnostics*. 参见: http://www.hgc.gov.uk/UploadDocs/DocPub/Document/IP%20and%20DNA%20Diagnostics%202010%20final.pdf.

③ The Economist (February 2010). *Data, data everywhere*. Special Edition on Managing Information. 参见:http://www.economist.com/node/15557443?story_id=15557443

他们理解潜在用户的习惯和偏好,并且确认最有效率的销售服务。[①]不过公司挖掘捕捉消费者数据的价值,与绝大多数研究数据集的价值不同。预计2012年到2017年间与数据相关的收益将给英国经济带来2 160亿英镑,其中在消费者情报分析、供应链管理和其他提高商业效率方面的收益会比数据驱动研究高过6倍。[②]

看起来,开放性的自然边界应该依据公共资助研究和私营资助研究的边界来划分:私人机构保护其数据的私密性,公共资金资助的研究者开放其数据。然而一些公共资助研究的有效商业开发可能涉及公众利益从而需要加以限制,而一些商业经营模式经开放得以繁荣。下面详述了目前受商业利益影响的数据开放界限,认为应制定相应政策推动研究数据的开放和再利用。

数据所有权和知识产权的行使

各国政府普遍意识到公共资助研究的数据有潜在再利用的商业价值。政策方面一般不禁止他人使用相关数据,使用数据也不需要研究资助者专门授权,事实上大部分政府都鼓励对公共资金资助研究的数据进行商业性的深入使用。同时,政府政策一般会特别重视对现有数据体系上的新增数据集的利用,例如环境变化或社会行为的时间序列数据。英国经济与社会研究理事会就有清晰明确的政策鼓励最大限度使用其资助研究所收集的数据,同时该理事会也保留维护知识产权的权利以确保国家利益不受侵害[③]。所有权通过知识产权实现。它

---

① The Economist (February 2010). *Data, data everywhere*. Special Edition on Managing Information. 参见:http://www.economist.com/node/15557443?story_id=15557443

② CEBR (2012). *Data equity: unlocking the value of big data*. 参见:http://www.cebr.com/wp-content/uploads/1733_Cebr_Value-of-Data-Equity_report.pdf

③ ESRC (2010). *Research Data Policy*. 参见:http://www.esrc.ac.uk/_images/Research_Data_Policy_2010_tcm8-4595.pdf

意味着控制但是不需要施以限制访问。根据英国皇家学会2003年对学术研究活动产生的知识产权进行的研究，相关情况发生了迅速的变化，亟需技术和立法支持①。数字材料的易复制性已令传统知识产权模式力不从心，并创造了新的所有权类型。这期间发展出的免费的类Unix软件（GNU）通用公共许可和知识相同方式共享（Creative Commons ShareALike）许可都以维护信息自由流动为目标②。

模块3.1　知识产权

知识产权指在法律规定范围内使用智力劳动成果的多种方式，包括著作权、专利和数据库权③等。

著作权赋予原创作品的作者一项权利，以阻止其他人仿制作品中所传达的创意。著作权对保护作品的完整性至关重要。目前大部分期刊要求版权转让。欧盟目前规定作者去世后70年内均享有版权，世界贸易组织各成员国规定作者去世后至少50年内仍享有版权④。但在数字环境下版权的控制几乎没有意义。它会限制作品的重用（Reuse），所以它阻碍文本挖掘等进一步的数据分析。英国《哈格里夫斯报告》提出了一系列著作权法

① Royal Society (2003). *Keeping science open: the effects of intellectual property policy on the conduct of science*. Royal Society: London. 参见：http://royalsociety.org/uploadedFiles/Royal_Society_Content/policy/publications/2003/9845.pdf

② 免费的类Unix软件通用公共许可表达了这一观点："绝大多数的软件与其他实务作品的许可证会剥夺你分享和改变作品的自由。与此相反，免费的类Unix软件通用公共许可试图保证你分享和修改所有版本的程序的自由以确保开源软件服务它的用户。"这类许可有时称为"反向著作权"（copyleft），这是因为它们使用著作权法确保维持信息自由共享。

③ 这是一项正在激烈讨论中的特殊权益，见TPP条约。（译注）

④ World Trade Organisation (1994). *Agreement on Trade Related Aspects of Intellectual Property Rights (TRIPS)*. 参见：http://www.wto.org/english/tratop_e/trips_e/t_agm0_e.htm

修改建议,以允许在非商业的研究用途上进行论文文本挖掘[①]。维康基金会和英国研究理事会正在明确授权条件:一旦支付开放获取费用,论文可在知识共享许可(Creative Common licence)下授权,允许全面重用(包括商业性)。英国皇家学会旗下期刊的开放获取文章也遵循知识共享署名(CC-BY)许可原则,包括本书在内。

专利保护产品、工艺或设备等发明。要获得专利,发明必须具有新颖性、工业应用性以及创造性改进等特征。专利一般持续20年,某些情况下可延长。专利在许多领域都是鼓励创新的重要手段,但在软件等领域也会显著增加创新成本,一旦出现多个环环相扣的专利群,会大幅度增加不确定性和费用。

数据库权在欧洲对数据库厂商提供保护,这些企业大量投资于获取、核实和保存数据库内容。这项权利覆盖并且超过一切数据库素材内容的著作权。它防止对数据库部分或者全部内容,在未经授权的情况下,进行抽取或者重用。

专利制度的核心目的是信息共享,这与商业秘密保护正好相反。然而专利仍常常被视为开放性的障碍。披露一项发明和相关方法(例如生产原理)是进行专利申请的必须过程。专利数据库因此集中了众多最新技术和有巨大商业潜力的科学成果,包括申请中的专利、有效专利和过期专利。就有效专利而言,专利持有者有权控制谁来商业利用专利中所描述的发明(通常经过授权许可),不过专利信息本身是开放共享的,而且可以成为进一步创新或研究的基础。专利可以持续长

① Hargreaves I (2011). *Digital Opportunity: A Review of Intellectual Property and Growth*. 参见:http://www.ipo.gov.uk/ipreview-finalreport.pdf

达20年(有时更长),而专利授权与否的决策会对获取科学信息以及科学质疑的潜在方式产生巨大影响。

大多数国家在知识产权法律中规定了研究豁免,尽管在欧洲并非风平浪静,而且美国法院对专利豁免的定义过于严格以致近乎无用。最近英国的《哈格里夫斯报告》建议,非商业目的的文本或数据挖掘豁免可以帮助英国研究人员更好地利用这些新工具:无论是跨期刊检索特定化合物的相关论文还是人口普查数据的二次分析等。英国政府已经原则上接受了这项建议,希望这些建议能够扭转英国法律体系中的"公平交易豁免"原则并得以实施。欧盟数据库指令(96/9/EC)在研究上的影响从未得到评估。数据库权对科学家群体的冲击,应该成为下一次数据库指令审查中的明确目标[①]。如果必要,应该考虑引入强制许可制度。

重要的是要认识到:否定或削弱知识产权保护不会带来更多的科学数据。更可能的后果是:因为投资回报的不确定性而难以启动。同时投资者和研究人员将转而采用商业秘密的模式保护其权益,而商业秘密模式的目的就是阻止信息被公众知晓。重点不是知识产权的存废(existence)问题,而是需要合理公平地执行(exercise)知识产权。英国和其他21个国家签署了欧盟在2012年6月辩论的《反假冒贸易协定》(ACTA)[②]。针对这一法案有很多担心和反对意见:认为该法案将对网上内容造成潜在的不利限制。相承一脉,美国参议院和国会正在考虑《禁止网络盗版法案》(SOPA)和《保护知识产权法案》(PIPA)[③];两者扩大了起诉线上实体的权力(Power),以保护知识产权

① 在欧盟数据库指令(96/9/EC)第16条3款的法律要求下定期审查。

② United States Government (2012). ACTA. 参见:http://www.ustr.gov/acta

③ United States House of Representatives (2012). Committee on the Judiciary. 参见:http://judiciary.house.gov/issues/issues_RogueWebsites.html

权利(rights)。英国和其他国家还受制于多部国际知识产权法案,新的立法可能扩大并且极大影响网络社群。

还有很多值得努力的事项,科学界可以联合起来推动知识产权与开放共享的共存。数据库权拥有者可以发布他们有意授权的非独占性的许可证以及使用条款。专利池可以设计为允许专利拥有者同意有关协调许可证的行动,从而能够帮助避免专利丛林的麻烦(某一科技领域信息过多造成拥堵,无法有效利用)。专利交换所可以规范特定领域的专利以及知识产权所有者的经济回报,同时促进他人利用这些专利。《哈格里夫斯报告》中与研究界有关的知识产权政策建议只涉及文本挖掘。报告也没有提及基层操作的有关问题①。知识产权相关政策存在的问题不在于权利形式,也不在于如何落实这些权利,而在于谁去使用这些权利。

人类基因委员会近期关于知识产权和DNA诊断的一份报告反映出这一典型矛盾。② 有证据表明,由于专利权执行力度加强,有些临床实验室已经停止使用相关检测手段。该问题在美国比在欧洲突出。人类基因委员会建议生物医学研究的资助者应检讨和修改它们的专利授权相关规定。各研究机构和其他研究资助者如果也有这一共识将对整个研究界有益。然而大学紧缩知识产权控制的普遍趋势令人担忧。

大学研究中的知识产权问题

在英国,大学是公共研究经费的资助主体。在2003年《兰伯特报

① Intellectual Property Office (2011). Supporting Document U: Universities, Research and Access to IP. 参见:http://www.ipo.gov.uk/ipreview-documents.htm

② Human Genetics Commission (2010). *Intellectual Property and DNA Diagnostics*. 参见:http://www.hgc.gov.uk/UploadDocs/DocPub/Document/IP%20and%20DNA%20Diagnostics%202010%20final.pdf

告》发布后，英国政府出台了一系列措施提高研究活动的社会经济价值。[①] 英国的大学现在比历史上任何时期都更了解产业界的需求，有些大学已经设立了技术转移办公室促进研究成果的商业化，主要模式包括知识产权保护和授权机制、创立衍生公司等。

越来越多的证据表明大学在某些情况下做得有些过头了，正在使得一些微妙关系变得紧张起来。英国工程与物质科学研究理事会的一项调查显示，2004 年到 2008 年间企业与大学间合作的障碍增多了。更多的人认为与知识产权相关的潜在冲突成为主要障碍之一，在诸因素中的比重从 2004 年的 32.4%上升到 2008 年的 55.6%。[②]

大学严控知识产权的经济动因并不明确。从 2003～2004 年到 2009～2010 年的 7 年内[③]，英国大学的收入增长了 35%(从 22 亿英镑增加到 30.86 亿英镑)，其中平均仅有 2.6%来自于知识产权收益，包括出售股份。该比例[④]在这段时间内并没有明显增加。美国的情况类似[⑤]，规范化的技术转移活动回报不高，研究收入平均有 2.2%来自技术转移，哈佛大学和麻省理工学院的数据甚至比平均值更低。这些现象表明研究产生的价值的大部分并未被相关权益拥有者取得，一些技术转移办公室也并不能保证对知识产权的严格控制。某些知识产权

---

① HM Treasury (2003). *Lambert Review of Business—University Collaboration*. Final Report. Stationery Office: London, UK.

② Bruneel J, d'Este P, Neely A, Salter A (2009). *The Search for Talent and Technology: Examining the Attitudes of EPSRC Industrial Collaborators Towards Universities*. Advanced Institute of Management Research: London, UK.

③ Higher Education Funding Council for England (2010). Higher Education—Business and Community Interaction Survey 2009 - 10. 参见：http://www.hefce.ac.uk/pubs/hefce/2011/11_25/

④ 此外，维持知识产权的成本很高，各高等教育机构在 2009～2010 财年此项花费2 900 万英镑，相关收入为 8 400 万英镑。

⑤ British Consulate-General of San Francisco (2003), *Key lessons for technology transfer offices: Viewpoints from Silicon Valley*, Note produced by the Science and Technology Section.

的商业价值可能被高估,知识产生过程中,权利的提出也往往过早。[①]更为重要的是,大学对短期经济利益的追求不应影响国家的长期利益。

需要采取更多有针对性的做法识别和支持具有长期经济价值的技术(参见模块3.2),同时应加强合作研究、合同研究等大学主要商业收入来源的研究模式。2011年5月英国知识产权办公室更新了大学知识产权战略指导意见,受到广泛欢迎。意见中建议大学采取更加灵活和定制化的知识产权管理方式。[②] 此后一项很有意义的进展是"便捷获取创新伙伴关系"项目(the Easy Access Innovation Partnership),格拉斯哥大学、伦敦大学国王学院和布里斯托大学已经同意不行使若干专利权,允许企业将其用于商业目的。[③]

模块3.2 开放性与商业回报的平衡——英国医学研究理事会在单克隆抗体研究中的做法

单克隆抗体的开发和商业化过程体现了适当进行商业保护的同时分步实现数据共享的价值。受到医学研究理事会的公共资助,研究人员于1975年开发出单克隆抗体[④]。今天这一技术的相关应用在各种重大疾病的新药研发中占三分之一的比重。在进展的关键点上,科学发现的开放共享引发进一步研究和开发的意愿和动力。这方面早期技术的公开对于形成整个研究领

① 经济圆桌会议提供的证据,参见附录四。

② Intellectual Property Office (2011). *Intellectual asset management for universities*. 参见:http://www.ipo.gov.uk/ipasset-management.pdf

③ University of Glasgow (2012). *Easy Access IP deals*. 参见:http://www.gla.ac.uk/businessandindustry/technology/easyaccessipdeals/

④ Kohler & Milstein (1975). *Continuous cultures of fused cells secreting antibody of predefined specificity*. Nature, 256,495.

域以及推动科学研究进入商业化阶段发挥了重要作用[①]。此后，科学成果的一部分被排他性地保护起来，成立了一家名为剑桥抗体技术的初创公司。2005年美国制药业公司雅培支付给英国医学研究理事会1亿多英镑，取得未来开发专利的授权许可。英国医学研究理事会也分别从剑桥抗体技术公司和另一家抗体公司迪莫特斯出售给业界巨头阿斯利康公司和葛兰素史克公司中获利。英国医学研究理事会从这些商业活动中获得的全部收益都投入了改善人类健康的进一步研究当中。在这一案例中，数据共享和知识产权保护的最优组合方案给人们的健康带来了福祉。

公私伙伴关系

越来越多的企业采取开放创新的模式组织研发活动，利用外部智力资源承担产品和服务开发的任务[②]。其中最常见的是由学术界开展研究工作。企业和研究人员之间建立了新型关系。有些关系是针对短期具体问题的，例如模块3.3(1)的例子，有些则是长期正式的关系。长期关系包括多种类别，例如企业资助大学技术中心(模块3.3(3))，或者更复杂的多方合作伙伴关系(模块3.3(2))。所有案例中都需规定包括数据在内的各类资料的开放界限并应对知识产权作出妥善安排。这类合作通常需要有一个双方共同使用的专门场所，如模块

① MRC (2012). *Therapeutic Antibodies and the LMB*. 参见：http://www2.mrc-lmb.cam.ac.uk/antibody/

② Chesborough H (2003). *Open Innovation: The New Imperative for Creating and Profiting from Technology*. Harvard Business Press: Harvard.

3.3(3)所示或英国政府新成立的一批技术创新中心的例子①。因此这些企业和研究人员可以在更正式地深入合作之前进行非正式的接触,而过快进行正式合作可能对关系产生负面影响。

最近信息自由法案可能会要求公私合作项目数据公开,这将对本已脆弱的公私伙伴关系造成不利影响。根据英国《2012年信息自由法》,大学必须以可重复使用的形式向所有提出需求的人公开数据,并且必须允许对方再次发表相关信息。大学如果接受这种请求,可能侵害其商业合作伙伴的商业秘密。目前急需相关法规规范和明确数据的所有权,可能还需要明确数据保存方的所有权。

数据并非这类伙伴关系中的主要交换媒介。例如先正达公司对开源 Ondex 数据可视化软件的开发有贡献,因此尽管软件本身是开放的,但其运行的很多数据并不开放。英国目前鼓励大学和企业协作生成数据的政策仍处萌芽阶段,而如果现行法律对此规定的不确定性不能得到修正的话,该领域的政策将裹足不前。蒂姆·威尔森爵士近期领导的一份关于产业界和大学合作情况的报告②集中关注了协同工作需要的人际网络,而不是这些网络分享的内容或数据控制的方式。

研究活动的数据规模正日益增大,这给创业者创造了一个潜在行业:知识经纪人。他们指点其他人研究可公开获取的数据,或者重构这些数据,并将结果推送给潜在使用者。以模块3.3(4)的因马诺娃公司为例,可以看出通过协作可以更充分地利用现有数据。鉴于民间数据分析产业十分成熟,可以通过伙伴关系充分利用新一代数据科学家的技能。学术界内外都需要这样的合作关系。

---

① Technology Strategy Board (2012). *Catapult Centres*. 参见: http://www.innovateuk.org/deliveringinnovation/catapults.ashx

② Wilson T (2012). *A Review of Business-University Collaboration*. Department of Business, Innovation and Skills: London.

本书建议英国商业、创新与技能部和技术战略委员会提供资助，支持产业界获得可公开获取的科学成果。同时英国政府建立的各技术创新中心应该为大学和产业界的合作提供硬件基础设施。需要加强数字化基础设施以促进基于数据开展工作的知识经纪人行业的发展，但这些需求可能会比较分散。除非英国信息自由法案能明确规定公私伙伴关系产出数据的权益，否则上述建议和政策都将被抑制，立法上的模糊可能会破坏数据密集类领域的合作关系。

模块 3.3 公私伙伴关系

(1) InnoCentive 网站

InnoCentive 通过“众包”模式提供解决问题的服务。不同公司或机构在 InnoCentive 网站发布挑战任务或研究问题，并设立奖励。有来自 175 个国家的超过 14 万人注册参与了这些挑战，有超过 100 个任务的奖励已经兑现。包括礼来公司、美国航空航天局、《自然》杂志网站、宝洁公司、罗氏公司和洛克菲勒基金会等机构都在这一平台发布了任务。

(2) 结构基因组学联盟

结构基因组学联盟(SGC)是一个基础科学领域的公私联合非营利组织①，主要致力于为药物发现提供可能方向的蛋白质三维结构研究工作。一旦研究出方向性目标，成果将公开发布。制药公司通过与联盟合作，可以“指向性”设计药物并节约研发费用。该联盟由维康基金、加拿大卫生研究所、安大略省研究与创新局和葛兰素史克公司共同出资成立。最近包括诺华、辉瑞

① Structural Genomics Consortium (2012). 参见：http://www.thesgc.org/

和礼来在内的其他公司也加入了这一公私伙伴关系。资助方近期做出了在未来4年资助联盟5 000万美元以上的承诺。

(3) 罗罗大学技术中心

英国罗罗公司于20世纪80年代后期创建大学技术中心(UTC),目前在英国14家大学有19个中心。这一研发网络已拓展到美国、挪威、瑞典、意大利、德国和韩国。每个大学技术中心协调一系列工程学科解决某项关键技术问题,研究项目由公司或英国研究理事会及国际组织资助。研究产生先进技术的知识产权由罗罗公司和大学按约定决定归属。在接受国家监管的情况下,罗罗公司保留知识产权的使用权,但同时允许大学等学术机构能以研究和教学为目进行使用。如知识产权归大学所有,大学将授权给研究资助者使用。

(4) 因马诺娃公司

因马诺娃是英国医学研究理事会和三所大学共同建立的创新联盟。这三所大学分别是帝国理工大学、伦敦大学国王学院和伦敦大学学院。因马诺娃于2011年4月作为上述诸方共有的公司成立,旨在利用影像数据为生物医学研究开发新方法。依托位于伦敦哈默史密斯医院的葛兰素史克公司临床影像中心的专家和设施,因马诺娃成为英国最先进的成像方法研究中心。该公司对科学家和医生进行培训,并有意与国际制药和生物技术公司建立合作伙伴关系。

(5) 先正达公司

英国技术战略委员会和先正达公司创建了可视化系统,帮助科学家了解生物活性药物小分子数据库(ChEMBL)这一开放获取药物发明数据库的上百万小分子与他们各自研究对象间的相似性[①]。经过合作开发出开源的Ondex软件，允许用户结合生物活性药物小分子数据库数据对来自先正达公司的数据进行可视化研究和分析[②]。这种模式可以有很多作用，例如通过对共同的蛋白质起作用，发现先正达公司某种目标分子与生物活性药物小分子数据库中某分子的相似性，这将对开发针对含有某种特定蛋白质杂草的农药产生直接的启发。

合乎公众利益的商业信息开放

在遵循本节前述的公私界限的前提下，考虑到某些研究成果对公共利益的潜在影响，有时需要加大私人资助研究的开放性。以药品和保健品监管机构为例，管理部门代表公众利益要求相关企业满足某些产品的持续供应。这些管理部门应在兼顾商业利益、个人隐私、安全性及国家安全的前提下在促进信息公开方面发挥关键作用。

在基于公众利益披露私人资助的研究数据和信息时，应注意保护合法商业利益。例如，在提供某些产品或服务给公众后，受知识产权保护的相关信息可能被公开（参见模块3.1）。然而商业秘密也是知识产权的重要组成部分，以生产工艺研究为例的特定类型研究活动与公共利益关系不大。仅在直接关系到具体的安全问题时，信息和数据公

① 该数据库也包括超过8 000个生命物质信息，大部分是有特异分子激活或抑制的蛋白质。数据由科技文献中手工抽取，存储整理为可用形式。采取人工模式抽取结构信息是由于化合物结构经常仅用一张图表示。可机读结构和相关法则将使文本挖掘更加容易，利于ChEMBL的工作，哈格里夫斯报告中作出了相关建议。参见Gaulton A et al (2012). *ChEMBL: a large-scale bioactivity database for drug discovery*. Nucleic Acids Research, 40. 参见：https://www.ebi.ac.uk/chembldb/.

② BBSRC (2012). *Ondex: Digital Integration and Visualisation*. 参见：http://www.ondex.org/

开的重要性才会高于直接商业利益。

临床试验注册制度可以起到平衡公众权益和商业利益的作用。以临床试验(ClinicalTrials. gov)网为例的临床试验注册制度,要求产业界公开其临床试验的汇总结果(不包括原始数据),在不影响这些企业获得相关专利的情况下尽量满足公众对信息的需求,尽最大可能避免其他企业利用相关信息牟取商业利益。

隐　私

包含个人信息的数据集对于医学和社会科学的领域研究十分重要,个人隐私的保护给信息治理带来了巨大挑战。公民享有保护个人隐私的合法权利,其个人信息不应被利用、侮辱及歧视,其个人自主权不被侵犯(参见模块 3.4)[①]。对欧盟国家来说,“尊重个人和家庭”的法律依据是《欧洲人权公约》第八条[②]。隐私权的某些方面也受到欧盟数据保护指令(95/46/EC)和英国 1998 年《数据保护法案》(DPA)的保护。

模块 3.4　对卫生领域研究中使用个人信息的态度

(1) 亨廷顿氏病

亨廷顿氏病(HD)是多发于中年的神经退行性疾病。该疾病成因为一种常见染色体的显性遗传,因此亨廷顿氏病患者的

① Laurie G (2002). *Genetic Privacy: A Challenge to Medico-legal Norms*. Cambridge University Press: Cambridge.

② Korff D (2004). The Legal Framework, In: *Privacy & Law Enforcement, study for the UK information Commissioner*. Douwe K & Brown I (eds.). 参见: http://www.ico.gov.uk/upload/documents/library/corporate/research_and_reports/legal_framework.pdf

子女有50%发病几率。可以对高危人群进行基因测试以检测其是否将发生此病。然而由于各种原因,目前仅有15%的高危人群接受了基因测试。亨廷顿氏病患者所在家庭的医学信息也包含家庭成员年龄与性别等信息。由于亨廷顿氏病的罕见性,在数据库中很容易识别出每个个体及其高风险状态,这种信息一旦公开将给其个人和家庭带来十分严重的后果①。

(2) 英国国家癌症登记制度

该机制通过医院、肿瘤中心、疗养院、筛检项目和全科医生等渠道获得英国癌症患者的数据,并由11个登记处整理。出于方便研究用途等几个方面的考虑,相关数据保持了其可识别性。在针对具体癌症的病因或影响的研究中,患者姓名并不隐藏起来。登记处要求研究人员获取相关信息前必须取得相关的研究伦理委员会和相应的职业道德与保密委员会的许可。另外,区域分布类的研究(例如研究垃圾填埋场附近生活人群的癌症风险)也需要完整的邮政编码信息。目前,癌症患者和其所在家庭对相关注册制度及个人信息使用十分支持,有85%的癌症患者支持注册制度,非癌症患者的支持率为81%。两类群体中不担心注册系统违反隐私保护法规的人均为72%②。

---

① Almqvist et al (1999). *A Worldwide Assessment of the Frequency of Suicide, Suicide Attempts or Psychiatric Hospitalization after Predictive Testing for Huntington Disease*. American Journal of Human Genetics, 64, 1293. 这项研究表明,测试结果为亨廷顿氏病阳性的人,自杀率是全国平均水平的10倍。

② National Cancer Registry (2006). *National survey of British public's views on use of identifiable medical data*. British Medical Journal, 332.

(3) 英国患者记录公开性调查

2006年益普索公司(Ipsos MORI)为英国医学研究理事会进行了一项调查。[①] 结果显示有69%的英国民众倾向于同意将其个人健康信息用于医学研究目的,其中有14%的人持完全赞同的态度。与之相反,约有四分之一的人持否定态度,其中7%完全反对。16~24岁年龄组的调查对象积极性最低,仅有27%有肯定态度的倾向。但当被问及假如诊断其患有某严重疾病后,是否愿意为医学研究目的提供个人信息时,仅有17%的受访者拒绝[②]。

在不愿分享个人信息的受访者中,对个人隐私的担心是最常见的原因(28%)。有4%的人疑虑相关信息使用时是否会匿名。62%的受访者表示如果他们明确知道其信息被谨慎安全地使用将更乐于分享信息。但有89%的受访者不信任公共部门的研究人员,怀疑他们对医学研究信息的掌控能力,有96%的受访者不信任私营部门研究人员的相关能力。与之对比,有87%的受访者信任全科医生获取相关记录,59%的受访者信任医学顾问或医院医生等其他医疗专业人员。

苏格兰急救系统从全科医生记录和医院病历中提取并总结了包含将近500万患者的医疗记录,该系统2007年成立时仅有不到500人愿意提供信息。英格兰地区也在开发类似的信息系统,已经联络过3 700万人,只有1.27%的个人不愿参与,目前已建立

---

① Ipsos MORI (2006). *The Use of Personal Health Information in Medical Research: general public consultation*. 参见:http://www.ipsos-mori.com/Assets/Docs/Archive/Polls/mrc.pdf.

② Ipsos MORI and Association of Medical Research Charities (AMRC) (2012). *Public support for research in the NHS*. 参见:http://www.ipsos-mori.com/researchpublications/researcharchive/2811/Public-support-for-research-in-the-NHS.aspx

1 300万条记录。

对于全科医生和研究人员信任程度的悬殊也许印证了英国政府推动其《生命科学战略》的重要性。英国国家医疗服务体系相关法案的变化在为研究人员提供利用医疗记录便利的同时也对私密性管理提出了更高的要求。

数据保护法案规范个人数据的收集、存储和加工事务。它判定个人来源的信息是否可识别或具有潜在的可识别性。数据保护要求个人数据的处理公平合法,需满足数据保护法案的若干要求和其他相关法案对保密性的一般要求。处理个人数据时必须满足知情同意的前提条件,并且应对其影响和潜在后果具有清醒的认识。此外,个人数据的处理一方面要满足一般信息的知情和安全标准,另一方面在涉及重大公共利益的情况下也可在无本人明确同意下使用。

过去人们曾设想个人数据的隐私性可以用匿名化技术进行保护,例如去除当事人姓名和确切地址等方法。然而随着计算机科学的发展,匿名化已经不足以保护数据库内个人信息的隐私性①。匿名数据库中的个人信息可以分析出当事人其他信息的概率性结果②。目前所谓的匿名化过程仅能确保数据库编译过程和具体信息请求中不增加个人信息

---

① 案例可见 Denning D (1980). *A fast procedure for finding a tracker in a statistical database*. ACM Transactions on Database Systems (TODS), 5,1; Sweeney L (2002). *k-anonymity: a Model for Protecting Privacy*. International Journal on Uncertainty, Fuzziness and Knowledge-based Systems, 10, (5), 557 – 70; Dwork C (2006). *Differential Privacy*. International Colloquium on Automata, Languages and Programming (ICALP), 1 – 12; Machanavajjhala A, Kifer D, Gehrke J, Venkitasubramaniam M (2007). *L-diversity: Privacy beyond k-anonymity*. ACM Transactions on Knowledge Discovery from Data (TKDD), 1,1.

② Dwork C (2006). *Differential Privacy*. International Colloquium on Automata, Languages and Programming (ICALP), 1 – 12.

披露的风险。

案例:研究人员仅通过结合两个或多个似乎无关紧要的数据库信息后,便可使匿名化方法失效。拉塔尼·斯威尼[①]对美国马萨诸塞州集团保险委员会(GIC)案例的研究工作有力地证明了这一点。该委员会负责为约13.5万州雇员及其家属购买健康保险。在20世纪90年代中期,保险委员会将详细患者信息——表面上经过了匿名化处理,去除了明确的标识符,例如姓名、地址、社会安全号码等——提供给研究者和产业界使用。提供的信息包括每个人的邮政编码、出生日期、性别以及详细的诊断和处方。拉塔尼·斯威尼可以用20美元购买马萨诸塞州剑桥市的选民登记表,表中包括每个选民的姓名、地址、邮政编码、出生日期和性别。通过共同字段匹配这两个数据库,可以将具体的诊断、病程和用药信息对应到每个具体的人。举例来说,通过以上信息足以识别出州长的医疗记录。数据库中有6人满足州长出生日期的信息,其中3名为男性,州长本人是唯一符合5位邮编的人。当然公布邮编信息显然有信息风险,因而这一案例属于极端情况。但仍不乏其他泄露个人隐私的案例。

由于匿名化的局限性,很难判断个人隐私和公众利益(如披露信息以促进医学研究等)的最佳平衡点[②]。在这一问题上存在两个针锋相对的极端观点以及完全相反的例证。争论的焦点集中在信息公布

---

① Data Privacy Lab (2005). *Recommendations to Identify and Combat Privacy Problems in the Commonwealth*, *Sweeney's Testimony before the Pennsylvania House Select Committee on Information Security* (House Resolution 351), Pittsburgh, PA, October 5. 参见: http://dataprivacylab.org/dataprivacy/talks/Flick-05-10.html# testimony

② 关于这些结果的政策含义可以在以下文献中查询:Ohm P (2010). *The Broken Promises of Privacy: Responding to the Surprising Failure of Anonymization*. UCLA Law Review, 57, 1701), O'Hara K (2011). *Transparent Government, Not Transparent Citizens*. A Report on Privacy and Transparency for the Cabinet Office. 参见: http://www.cabinetoffice.gov.uk/resource-library/independent-transparency-and-privacy-review

带来的个人隐私风险是否应该凌驾于更广泛的公众利益之上。由约瑟夫·朗特里基金会提出的《数据库国家》报告[①]认为，在政府扩大对公民生活各方面信息掌控的过程中，公民既没有因此得到更好的服务，相关权益也没有得到良好的保护，特别是近期英国国家医疗服务体系改革扩大了从全科医生到医学研究人员对患者记录的提取便利。近期英国研究理事会关于开放数据的公开讨论发现，大部分与会者在确保有适当的信息管理前提下对数据保密问题持相对宽松的态度，但有少数与会者对此问题极为关注[②]。技术解决方案不能简单等同于公共价值，应该针对相关问题进行更广泛的公开辩论。

在隐私权问题上，将可能侵犯个人隐私的个人信息直接引入公共领域是不合适的。本书主张应根据具体个案评估和平衡公共利益与保密需要，采取与研究目的相符的个人信息数据集共享、编译和链接[③]。为了尽可能降低隐私问题的风险，目前已针对研究及其他目的使用个人信息的情况出台了一系列管理规定，例如取得知情同意和数据的有限使用（安全避风港模式），对违反保密规定的研究者给予处罚等。有些特定形式的数据由独立机构进行监督管理，然而错综复杂的法律、伦理和实务方面的诸多问题往往使研究人员感到困惑。

---

① Anderson R, Brown I, Dowty T, Inglesant P, Heath W and Sasse A (2009). *Database State*. Joseph Rowntree Reform Trust, 67.

② TNS BMRB (2012). *Public dialogue on data openness, data re-use and data management Final Report*. Research Councils UK: London. 参见：http://www.sciencewise-erc.org.uk/cms/public-dialogue-on-data-openness-data-re-use-and-data-management/

③ 针对匿名化个人数据担忧相关的信息公开请求的若干行政实践：(1) *Common Services Agency v Scottish Information Commissioner*[2008] UKHL 47，针对根据信息自由的要求发布极少数儿童白血病患者信息的隐私性担忧，数据进行"褪色"处理，对数据条目随机加0、1、－1。但数据托管机构仍然担心可以通过这一数据集和其他公共领域的信息识别出患儿。(2) *Department of Health v Information Commissioner*[2011] EWHC 1430 (Admin). 公开政府统计信息的总量不会泄露个人信息，法庭裁定整体释放相关信息不需要条件限制。有必要评估相关风险。[英格兰和威尔士高等法院(行政法院)决议(2011).]

知情同意方可使用个人数据,通常作为信息管理中的黄金法则。然而,它既不是必要条件,也缺乏在法律上或者伦理上保障一系列权益的合适步骤。知情同意的法律和道德功能是一种不给个人授权权利的保护与利益免责的方式。哪里缺乏基本权利,哪里就缺乏寻求知情同意的必要条件[①]。知情同意也在努力去充分捍卫超越个人的权益[②]。收集原始数据时往往无法预测未来数据集使用中将遇到的问题,等到触及具体问题时再去重新联络当事人并且取得授权几乎不可能,并且成本高昂。广泛授权(如英国生物数据库的做法)引发了这样的问题,即数据授权人是否完全了解,如其个人信息被用于科学研究,对他们来说意味着什么[③]。这类授权可由独立监督机构进行补充监管,该机构针对数据是否被恰当使用及是否需要重新授权等问题做出判断。英国生物数据库和其伦理与管理委员会已采纳了这种方式[④]。在其他情况下,授权主体组织也可代替授权人进行符合公众利益的相关活动。

安全避风港是为具有敏感个人信息的数据库所创设的安全网址,仅向被授权的研究人员提供服务。这一措施是 2008 年《数据共享回顾》的一项重要建议。[⑤] 这类研究对数据样本量需求较大,以最大限度

---

① Brownsword R (2004). *The Cult of Consent: Fixation and Fantasy*. King's College Law Journal, 15,223-251.

② O'Neill O (2003). *Some limits of informed consent*. Journal of Medical Ethics, 29, 4-7.

③ 相关要素举例:根据新的数据保护条例(DPR),前述例子中的授权书不大可能成为合法处理个人数据的基础。新法规定授权书需具体、知情、明确的自由授予。——草案 4 条 8 款。

④ UK Biobank (2012). *Ethics and Governance Council*. 参见:http://www.egcukbiobank.org.uk/

⑤ Thomas R & Walport M (2008). *Data Sharing Review*. 参见: http://www.justice.gov.uk/reviews/docs/data-sharing-review-report.pdf. 将数据记录保存在一个指定地点并且只对"善意"研究者提供服务的想法并不新鲜,过去几年很多创新工作都围绕着如何在电子记录世界实现相关想法。

降低识别个体的风险。《数据共享回顾》建议,应对被授权的研究者进行严格的规则约束,泄密等相关违规行为将受到最高两年监禁的刑事制裁。安全避风港实现了信息治理以及信息安全保障从匿名化保护到认证研究者的模式转变。苏格兰纵向研究等大型项目已经成功验证了这一机制(参见模块3.5)。虽然由于实施相关政策的成本和人力等方面的问题,安全避风港机制目前只限定用于大型高价值数据集,然而在安全避风港模式中,保密关系的重点仍然在于普遍统一原则和授权规范。保密协议确保对研究人员访问敏感数据集的信任不被滥用。所有可能接触到相关数据集的研究者均应签署保密协议,并且协议应针对违反合约和专业要求的行为规定明确制裁措施。

模块3.5 安全避风港:苏格兰纵向研究

苏格兰纵向研究项目(SLS)是采用安全避风港模式分享复杂敏感数据的成功范例[①]。该项目原始数据包括:含1991年和2001年人口普查数据在内的日常行政和统计来源的数据,包括重要事件数据(出生、婚配、死亡)、国家医疗服务体系中央登记数据(居民迁移出入苏格兰)、国家医疗服务体系数据(癌症登记和医院出院信息)。通过整理这些数据研究迁移模式、健康不平等问题、家庭重建以及其他人口学、流行病学和社会经济问题。[②]对于社会决策来说,这些数据是非常宝贵的信息资源。该项目

---

① Longitudinal Studies Centre—Scotland (2012). *Scottish Longitudinal Survey*. 参见:http://www.lscs.ac.uk/sls/

② Hattersley L & Boyle P (2007). *The Scottish Longitudinal Study: An Introduction*. 参见:http://www.lscs.ac.uk/sls/LSCS%20WP%201.0.pdf

为保护个人隐私制定了一系列保障措施。首先,纵向研究项目按预设的20个生日中的某个生日抽取个人信息,仅有少数研究人员确切知道这些预设生日的日期。其次,数据集是匿名的,赋予每个信息相关个人一个项目编号,以此确保没有姓名和地址信息保留在数据库中,保持了匿名性。第三,实际数据保存在一个有密码保护的独立网络中,仅能通过密码盘保护的两个房间获取这些数据。第四,设立督导委员会监督整个项目的数据使用,设立研究委员会对每份项目计划书进行审议,不得批准可能引发个人信息外泄的项目。第五,数据不公开。另外,对授权项目的数据访问也加以严格控制。根据研究需要严格建立数据子集,确保不包含非必须信息,并确保无数据扩散到指定场所之外。如果研究人员想远程分析数据,项目中心将代表他们运行统计程序,仅将统计结果返回给研究人员,在返回前还需要检查是否包含个人信息。另外,研究人员可以在项目辅助人员陪同下在上述两个"安全房"之一进行数据分析。

管制规模正在迅速变化。目前正在酝酿修改数据保护指令,欧委会已经发布旨在替代指令的文件修改草案,称为《数据保护条例》①。草案将送交欧洲议会和部长理事会审议。与指令不同,条例免除了各成员国实施本国法律条款的决定权。在英国,国家信息管理委员会的大部分职能将转移到卫生质量委员会②。英国政府还表示将伦理与保

① European Commission (2012). *Regulation of the European Parliament and of the Council*. 参见:http://ec.europa.eu/justice/data-protection/document/review2012/com_2012_11_en.pdf

② 其他重要机构和组织包括国家研究伦理服务机构和研究信息网络。

密委员会的职能转移到一个新成立的健康研究管理机构中去[①]。这些变化为该领域的良好治理提供了契机，政策可行性和公共利益等内容均有所涉及。

未来的信息管理需要跟得上数据分析技术的变化速度。随着重组数据技术的提高，保护隐私权的工作将越来越难。管理流程需要在最新技术风险与潜在公共利益之间妥善权衡。本书建议只有当研究具有较高公共价值的情况下才允许共享个人数据。分享信息的类型和数量应与研究项目的具体需求匹配，并由授权书、托管机构和安全避风港等模式保护。需在做出数据共享的决定之前充分考虑不断变化的技术风险，并充分利用不断发展的隐私保护技术。

安保与安全

开放的科学信息要求系统和硬件工程师们开发更妥善的共享机密、敏感及专属信息的方式。主要的挑战来自于防范意外事故的“安全”，也来自于防范蓄意攻击的“安保”。在数据密集的未来，对信息安全的担心将进一步加大。数据泄露已基本上属于不可避免，这将增加敏感数据拥有者的风险。个人数据持有者面临的形势最为严峻。不仅信息泄露难以管理，去匿名化技术（参见模块 3.2）甚至可以对绝密格式的数据添加细节信息。已有迹象表明，数字安全工作已落后于反数字安全技术的发展：目前只有不到三分之一的数字信息可以宣称得到了最基本的安全保护，而且只有一半应该保护的信息得到

① Paragraph 7.5 of The National Archives (2011). *The Health Research Authority (Establishment and Constitution) Order 2011*. 参见：http://www.legislation.gov.uk/uksi/2011/2323/memorandum/contents.

保护①。

为确保信息安全而将源代码和系统架构进行保密并非最有效的方法。即使潜在攻击者知道系统内部工作方式,基于推定的现代密码技术也需要一个安全的系统。② 公开源代码和系统架构使攻击者得以分析系统弱点,但同时也使系统有机会进行更彻底的测试。③ 开放性孕育更高的安全性。对安全的这种辩证态度也可以用于科学数据上。

科学发现往往都是潜在的双刃剑,利弊共存。④ 基于国家安全的担忧而全面禁止数据集发布的例子极其罕见。自然出版集团在 2005 年到 2008 年间收到了 74 000 份生物学论文投稿,仅有 28 篇由于有可能存在双刃剑问题而被特别标注,没有任何一篇论文因为类似原因被退稿。虽然本书没有发现有造成不利后果的任何案例,但是假设这种事情没有发生显然是不明智的。通过出口管控组织,英国得以管制敏感信息外流⑤。

---

① IDC (2011). *Digital Universe study: Extracting Value from Chaos*. 参见:http://www.emc.com/collateral/analyst-reports/idc-extracting-value-from-chaos-ar.pdf

② Shannon C (1949). *Communication Theory of Secrecy Systems*. Bell System Technical Journal, 28, 4, 656 - 715. 在以下文献中第一次论及:Kerckhoffs A (1883). *La Cryptographie Militaire*. Journal des Sciences Militaires, 9,5,38. 参见:http://www.cl.cam.ac.uk/users/fapp2/kerckhoffs/

③ 在现实世界情况下,开放系统可能比封闭的更安全,这取决于多项因素,如用户报错的意愿、可用于修补漏洞的资源、厂商发布更新版本的软件的意愿等。参见:Anderson R (2002). *Security in Open versus Closed Systems—The Dance of Blotzmann, Coase and Moore*. Open Source Software Economics. 参见:http://www.ftp.cl.cam.ac.uk/ftp/users/rja14/toulouse.pdf

④ Parliamentary Office of Science and Technology (July 2009). *POSTNote 340, The Dual-use Dilemma*. 参见:http://www.parliament.uk/documents/post/postpn340.pdf

⑤ BIS (2010). Guidance on Export Control Legislation for academics and researchers in the UK. 参见:http://www.bis.gov.uk/assets/biscore/eco/docs/guidance-academics.pdf. 根据《出口管控法》(2002)第 8 条款,国务大臣可以用指令的形式禁止或监管某项科学研究来源的信息交流,或者根据指令的影响作出必要程度上信息公开的决定。

模块 3.6 双刃剑:两篇关于禽流感研究的论文的发表

H5N1 禽流感病毒很少感染人类,并且很难由人传染给人。目前人们担心病毒进化出能够在人与人之间进行传染的类型。一旦发生这种情况,将对全球公共卫生造成严重威胁。研究影响 H5N1 病毒传播能力的因素对理解这一潜在威胁至关重要。但帮助理解和阻止这一威胁的信息也可能被错用于有害方面。

有两篇论文投稿描述了根据实验得出的结论,H5N1 病毒在哺乳动物之间(包括人类)传播的可能性比此前人们认为的更大。美国国家生物安全科学顾问委员会(NSABB)建议作者和杂志编辑仅发表一般性结论,以帮助全球流感监测和研究界,但不要公布细节信息以免滥用者复制相关工作①。

《科学》杂志和《自然》杂志最初将稿件送给顾问委员会并支持相关反馈意见。但两者均强调②有必要向研究界提供获取具体研究数据的方法,以确保适当的科技成果评价。在 2012 年 2 月作者和世界卫生组织会面之后,与会者得出结论认为部分发表论文并不可行,应发表全文③,虽然世界卫生组织将召开一系列后续会议进行论证。《自然》杂志目前已经发表了他们的论文。

---

① Science: Journal Editors and Authors Group (2003). *Statement on Scientific Publication and Security*. Science, 299, 1149. 参见: http://www.sciencemag.org/site/feature/data/security/statement.pdf

② Butler D (2011). *Fears grow over lab-bred flu*. Nature, 480, 421 - 422. 参见: http://www.nature.com/news/fears-grow-over-lab-bred-flu-1.9692

③ World Health Organisation (2012). *Report on technical consultation on H5N1 research issues: Geneva, 16 - 17 February 2012*. 参见: http://www.who.int/influenza/human_animal_interface/mtg_report_h5n1.pdf.

早期困境

2005 年一队美国科学家完成了 1918 流感病毒的测序[①]。其后另一个研究小组发表了一篇文章,介绍他们利用该序列重构了完整的病毒[②]。虽然这一病毒株对了解遗传规律十分有用,鉴于该病毒的毒性和高致死率,这一文章内容可能给恐怖组织利用病毒提供参考,因此有些观点认为类似情况应谨慎行事。前述案例中顾问委员会在审查两篇文章后得出结论,认为发表该成果所带来的公共利益大于潜在危害。

2006 年,英国皇家学会、国际科学院委员会和国际科学理事会发表了一份联合报告,报告指出:“禁止新科学思想和技术进步信息的自由传播不太可能阻止相关信息的不当利用,反而会鼓励这种不当利用。”[③]脊髓灰质炎病毒序列发布于 1980 年。从 1981 年开始通过 DNA 克隆生产活性病毒。从 1981 年到 2001 年,DNA 克隆生产的活性脊髓灰质炎病毒和其他小核糖核酸病毒使医疗领域受益,并且增加了人们对病毒的了解,促成了更稳定疫苗的产生,同时降低了不当使用的威胁。

目前,研究资助者对双刃剑类项目的筛选有成熟的操作原则,目前共识就是由出版商和广泛的科学界负责研究成果数据的把关。但

① Taubenberger, J K, Reid A H, Lourens R M, Wang R, Jin G & Fanning T G (2005). *Characterization of the 1918 influenza virus polymerase genes*. Nature, 437,889 - 893.

② Tumpey T M et al (2005). *Characterization of the Reconstructed 1918 Spanish Influenza Pandemic Virus*. Science 310,5745,77 - 80.

③ Royal Society (2006). *Report of the RS-ISP-ICSU international workshop on science and technology developments relevant to the Biological and Toxin Weapons Convention*.

关于禽流感研究的案例等非常规事件(参见模块3.6)引发了对研究材料安全的广泛关切。美国国家科学顾问委员会在生物机密性上,无权干涉偶然发布在公共领域的论文版本,例如存储于一台大学服务器上的信息。这引发了涉及范围更广的研究数据的网络安全问题。制定访问和复制信息的明确规则至关重要,同时相关规定应随着数据演化而不断发展。在研究机构层面有一些成功的范例,例如英国联合信息系统委员会开发的美国阈阀(Shibboleth)[①]单一登入注册系统,消除了服务商保存用户名和密码的需求,同时对信息访问可控,确保经批准用户的远程访问是安全的。

从历史上看,数据保密性几乎一直是安全性的代名词。确保个人数据安全是创造各类安全系统的主要动机。最近的发展显示,创立安全系统的主要动机一是对数据完整性和出处的保护,二是保证数据的创造者能够获取数据。在商业环境中针对相关问题有一些公认的标准。科学数据管理也至少需要类似的最低标准[②]。应鼓励成功案例的发展和分享,促进共同安全,鼓励信息共享协议。

科学家的行为准则也对个人权责起到重要作用。《英国科学家通用道德准则》还不足以规范相关行为,安全问题应该受到专门的长期

---

① 这是一个《圣经·旧约》的故事。通常在软件中是现代信息系统权限管理的一种方法的名称。(译注)

② 关于出处、程度及产生过程这些标准的例子包含于:The ISO 27000 Directory (2009). *An Introduction to ISO 27001, ISO 27002... ISO 27008*. 参见:http://www.27000.org/; aiim (2012). *The Global Community of Information Professionals*. 参见:http://www.aiim.org/Resources/Standards/Catalog; The National Archives (2012). *Standards*. 参见:http://webarchive.nationalarchives.gov.uk/+/http://www.dti.gov.uk/sectors/infosec/infosecadvice/legislationpolicy-standards/securitystandards/page33369.html; W3C (2011). *Connection Task Force Informal Report*. 参见:http://www.w3.org/2011/prov/wiki/Connection_Task_Force_Informal_Report; Moreau L & Foster I (2006). *Provenance and Annotation of Data Springer*. Springer: Heidelberg. 参见:http://www.w3.org/2011/prov/wiki/Connection_Task_Force_Informal_Report

关注。所有科学家应同其雇主签署协议,声明他们同意遵守地方和国家安全立法[1]。科学教育中应包括对信息识别过程的理解和研究结果可能风险的上报,并且应明确这些做法的好处。所有行为指南都应反映如下核心原则:安全不但来自于安全保障本身,也来自更大的开放性。

① Government Office of Science (2007). *Rigour*, *Respect*, *Responsibility*: *a universal ethical code for scientists*. Government Office of Science: London.

第 4 章

实现开放的数据文化：管理、责任、工具和成本

此前，第一章提出为了科学进步，不应该封闭数据，而应该保持其智能开放，从而使数据成为全社会的财富。第二章探讨了新兴通讯技术所创造的开放性机遇，第三章则讨论了保护竞争性价值而关注开放的界限。

本章将更注重开放性的实践准则。共享研究数据可能复杂而昂贵，需要通过对数据需求做出切合实际的预估来调整。本章第一节提出了研究数据不同管理模式的分级模型，以及因不同需求带来的数据的不同储存情况。第二节介绍了数据管理者应遵守的一系列原则，按模型操作并应做出一系列改变。第三节关注数据管理工具的局限性，以及第四节考虑运行成本问题。

数据管理的分级结构

将科学数据的管理模式理解为四级结构对理解目前的情况有所帮助。分级标准包括规模、成本和所管理数据的影响力等。在一定程

度上，分级结构也反映了人们对其重要性的判断①。这种分级结构回应了第二章中有关多样化数据需求的讨论。每级内容对经费和基础设施支持的要求均有所不同(参见模块 4.1)。

模块 4.1　数据金字塔——数据的价值与稳定性随层级上升而提升

详细示例参见附录三。

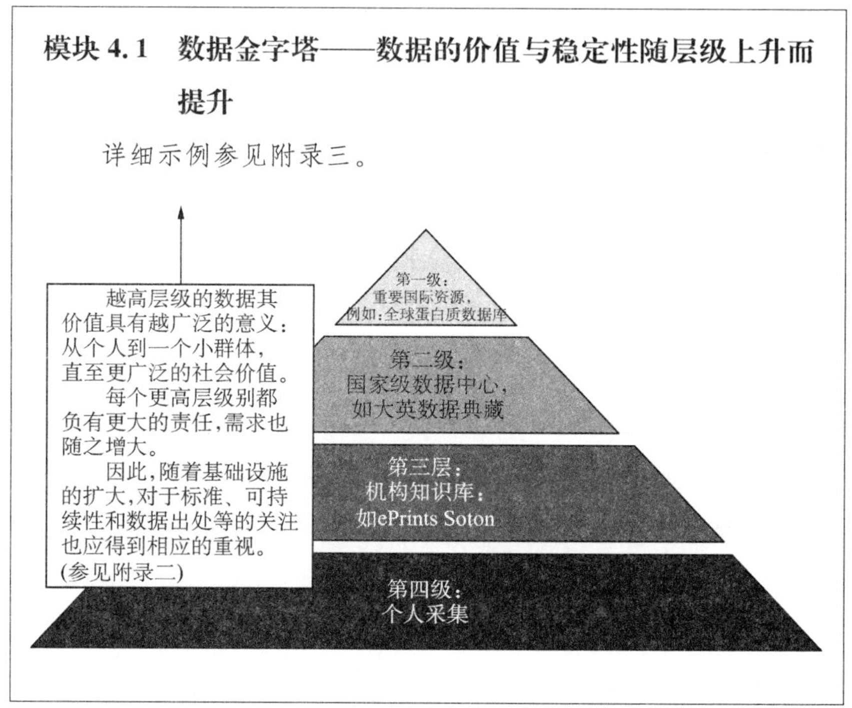

第一级，包括大型国际项目自身生成的数据，例如大型强子对撞机的数据集合和全球蛋白质数据库这类来自大量数据源的数据集。前者依靠一个复杂的网络分发数据，后者使用分发工具完成数据的提交、综合处理和分发。

第二级，包括数据中心和英国研究理事会等在内的国家级资源管

① 相关层次有多种划分方法，这份报告采用的方法很大程度上归功于 Berman F (2008). *Got Data? A Guide to Preservation in the Digital Age*. Communications of the ACM. V 51, No. 12, 53. 参见：http://www.sdsc.edu/about/director/pubs/communications200812-DataDeluge.pdf.

理机构,也包括维康基金等慈善研究资助机构。这类国家级机构往往由代理机构负责具体的综合处理工作,例如 HepData[①] 是英国科技设施委员会资助的高能物理实验方面的数据库,25 年来一直由英国杜伦大学负责管理。

第三级,由研究机构和大学研究项目生成数据的储存。它们采取的方法差异巨大。尽管不少研究机构和大学具有研究数据的相关政策,但它们往往倾向于对研究人员提出整体性建议,而不是根据对它们的科研活动所产生的所有数据的全面监管,提供更有力、有针对性的支持,或对数据进行有效的综合处理。相关问题将在后文详述。

第四级,由研究人员或小组自身的研究项目生成的数据。研究人员需按行为规范向国际数据库提供研究数据,并按研究资助者的要求向各类国家级数据库提交相关数据存入知识库(repository),此外,研究人员自己也整理和存储数据。他们倾向于仅向其信任的合作者提供数据,但也可能通过自己或所在研究机构的网站公开这些数据,这也是数据存储的重要方式。相关数据存储活动由其研究课题提供经费支持。他们往往通过 Excel 或 MATLAB 之类的小工具进行数据处理,从功能上无法满足数据高效存储、数据使用和可持续性等方面的需要。

即使是规模不大的实验室或野外科学家团队,其研究成果的数字化程度也越来越高,数据量的测量单位也越来越大,需要用兆、千兆、万亿字节来计量。为充分挖掘其数据的功用,为了应对数据鸿沟带来的挑战以及新的数据分析工具带来的机遇,科学家们需要强大易用的

---

① Durham University (2012). *HEPDATA—the Durham-HEP database*. 参见:http://www.ippp.dur.ac.uk/Research/ProjectsHEPDATA.html

数据管理工具。（模块 4.2 介绍了自然历史学家如何利用第二章中介绍的关联数据技术建设数据分布基础设施的情况。）第四级数据中提出的需求很少得到满足。英国皇家学会的部分大学研究会员参与了数据密集型科学的相关研讨，与会人员一致认为数据管理所面临的问题以及高效综合处理所需的技能往往比非信息学科的科学家想像的要复杂得多[①]。

该级别数据共享有一些新工具。通过网络门户“数字分享”(Figshare)[②]，科学家之间可以即时共享未发表的数据。该工具关注分享负面结果以及无法通过其他途径发表的结果。这些数据是有价值的，许多大型数据库都进行该层次数据的汇编工作。因此建立相关机制十分重要，有利于识别并支持数据用于可持续的综合处理。

模块 4.2　自发的数据综合处理——暂存版虚拟研究环境[③]

“暂存版虚拟研究环境”是人们为支持自然历史科学研究建立的研究网络在线系统。自 2007 年 3 月成立以来，创立了 340 个相关网站，有来自超过 60 个国家的 6 000 注册用户。目前英国自然历史博物馆就主持了 40 万页的内容。其中最初的一个有关真菌蚋的网站是由芬兰的一个小组在谷歌上发现的，他们随即与网站作者联络，希望对网站有所贡献。

申请“暂存版”的唯一要求是内容与自然历史相关。该项目最初的目的是为动植物物种的分类提供帮助，目前已经扩大到包括地方活动和兴趣小组等领域。

---

① Roundtable with URFs, 15 January 2012. 参见：appendix 4 for participants.

② Figshare (2012). 参见：http://figshare.com/

③ Scratchpad (2012). 参见：http://scratchpads.eu/

"暂存版"尝试了一种新机制,链接某一网页的内容生成XML(可扩展标记语言)文件并向杂志投稿。出版商将XML文件转换成PDF文件,并自动将稿件发给审稿人。如果收到正面的审稿意见,文章将以多种形式发表:纸质版、开放获取的PDF版、HTML格式和XML格式。XLM格式的文件可以用于文本挖掘,其中的某些数据将自动抽取并用于很多国际分类学数据库,例如生物物种名录(Catalogue of Life)和"全球名录"(Globalnames)。所有新的分类学名称将在既有国际机制下登记发表,例如国际植物名录和"动物园银行"(Zoobank)等。"暂存版"和合作出版商负责从文本发表到数据发表的转换,包括标引文本以便计算机进行文本挖掘。

上述分级结构并未涵盖私营公司出于商业目的创建的数据库,例如用于支持公司业务活动的,以客户和供应商信息等为内容的数据库,以及其他公司为营利而收集和发布的数据库。当这些数据库同研究活动发生关系时,在前述模型的每一层级都有通过数据共享进行商业合作的例子。一些最有前途的私营企业关注开发数据共享和再利用的工具,而不是囤积数据。其中一个简单的例子是搜索引擎,其作为数据源和数据用户之间的中介在公共数据领域具有重要功能。虽然有些数据无疑是私有的,但在设计每一层级的数据管理体系时都应考虑到行业需求和数据供给的因素。

责　任

有效率的数据生态系统必须适应不断变化的研究需求、研究行为和技术进展。数据集经常在不同层级间迁移,特别是从一个小型用户群体扩展应用到更广的范围,或者说数据在层级结构中有向上方移动的趋势。此外,也有数据集被其他数据库吸纳的情况。[①] 作为期刊数据政策的一部分,泛生命科学数据库得律阿德数据库作为知识库提供数据共享服务。这些数据服务促使此前没有知识库的研究领域发生了巨大进展。当达到临界质量时,各研究团队往往会决定分拆出更专业化的领域数据库。例如,最近一些关注交叉数据的人口遗传学家创建了自己的数据库并将其挂靠在英属哥伦比亚大学。

这类动态系统需要一整套管理原则,科研工作的托管者必须认同这些原则:

(1) 开放性是准绳。默认状态是信息开放和负责任的共享,仅对共享和使用进行无可非议的合理限制。

(2) 政策清晰。所有托管者应针对托管关系、数据质量和访问,制定清晰透明的政策。

(3) 访问路径清晰。应在数据存储系统中建立清晰标志,采取积极行动促进开放性。

(4) 数据发布预先明确说明。必须预先明确说明将在何时、以何种方法发布新收录的信息。

(5) 尊重开放所涉及的各方利益。为保护个人隐私和商业利益,应制定信息治理机制。

(6) 制定共享规则。为数据共享制定明确的规则条款。为落实这些责任,有四方面工作需要做出调整。

---

① National Science Board (2005). *Long-Lived Digital Data Collections: Enabling Research and Education in the 21st Century*. 参见:http://www.nsf.gov/pubs/2005/nsb0540/.

机构层战略

聘请科学家的大学和研究所相关的第三级数据共享值得我们特别关注。在经费压力下，这些研究机构对其产生的大规模、多样化的数据资源自然会提出两个问题：它们对其研究人员的数据综合处理需求应负有哪些责任？它们对生成的数据又负有哪些综合处理责任？

在英国，英国联合信息系统委员会和数字储存中心（Digital Curation Centre，DCC）为 17 家大型研究机构开发了在线数据管理开发工具，[①]并培训了具体的研究人员。[②] 无孔不入的海量数据意味着未来科学家培养的内容之一是熟练掌握这些数据管理工具和准则。然而要求非信息领域的科学家与数据科学家一样理解这些并不合适。理想状况下，信息领域科学家应对其他研究人员提供技术支持。

研究产生的数据经常由于长期保留价值不大而被丢弃。有很大重复利用价值的不少重要数据也常常丢失，特别是在当研究人员退休或跳槽的情况下更是如此。本书建议研究机构应制定并实施相关策略避免这类损失。没有第一级和第二级对应数据库接收的数据，一旦被判断具有潜在价值，应该在科学家本人不再频繁使用相关数据时由研究机构（第三级）综合处理。目前有商业公司表示能够提供相关服务，可以组织并获取实验室数据、数字实验记录、电子表格和图片，以

---

① Through the JISC (2012). *Managing Research Data Programme 2011 - 13*. 参见：http://www.jisc.ac.uk/whatwedo/programmes/di_researchmanagement/managingresearchdata.aspx

② Data Curation Centre (2012). *Data management courses and training*. 参见：http://www.dcc.ac.uk/training/data-management-courses-and-training.

方便检索的形式供合作者使用,并可根据要求开放[①]。研究机构应开发或者应用这些服务功能。

大学对其科学图书馆的定位正面临数字时代的特殊困境。大多数情况下(86%)图书馆对大学各类资料库工作负责。[②] 图书馆的传统角色就是数据、信息与知识的储备库并成为帮助学者利用这些资源的专门机构。数字时代这一作用仍然存在,但实现该功能所需要的流程和技能已发生根本变化。现实中对图书馆的要求是:所有科学文献在线,所有数据在线,前两者可以交互操作并且能够支持学者和研究人员有效利用上述资源开展工作。

数据发布的时机

对于开放数据文化来说,数据发布的时机是一项重要议题。以基因组学的某些领域为例,即时发布是通用原则,有意发布数据的科学家在他们发布数据时应遵从这一原则。然而可以理解的是,由于担心被别人剽窃发表,研究人员“不愿意”公布研究数据。如果能保证研究人员有一段较短但适当的数据专享时间,他们就可以有机会分析并发表其研究成果。鉴于现有实际操作的多样性(参见附件一),对数据发布采取一刀切的做法没有好处。某些情况下,数据应该无限制地即时发布;在另外一些情况下,数据和元数据的发布则需要考虑数据使用需求、商业利益、专享时间等因素。

本书建议数据发布时间应按照研究机构具体的一贯做法和相关约束预先明确规定。对于有资助方的研究项目来说,申请文件中的数据管理方案就应包括这方面的内容。由于研究产生的信息量不断增

① Labarchives (2012). 参见:http://www.labarchives.com

② Repositories Support Project (2011). *Repositories Support Project Survey 2011*. 参见:http://www.rsp.ac.uk/pmwiki/index.php?n=Institutions.Summary

加，实践中数据共享的障碍无疑会增多①，而这不应成为断然拒绝提供数据的借口。形成“囤积数据不利于科学进步”的共识至关重要。为实现科学进步，独立验证数据集、重复试验、测试理论、用新方法对数据再利用都是基本要素。尽管如此，对数据的普遍即时共享既不现实，也不应成为研究的预期目标。

对数据科学家的技能需求

数据科学依照自身规律成为迅速发展的学科（参见图 4.1a 中“数据”主题论文的时间序列变化情况）。数据科学家的技能是支撑研究人员和研究机构数据管理需求的关键。他们擅长数学，通常受过信息科学领域的专业训练，是数据管理工具、流程和基础准则方面的专家。美国国家科学基金会（NSF）的一份报告显示，数据科学家兼有信息学家和图书馆员的技能②。作为 2012 年公布的新资助的一部分，基金会将 2012 年资助经费中的 200 万美元资金用于复杂数据方面的本科生培养，同时鼓励研究型大学设立大数据方面的跨学科研究生专业③。目前英国一些高校设立了培养相关高技能专业人才的课程，例如南安普敦大学和爱丁堡大学。私营机构对信息学家和数据科学家求贤若渴（参见图 4.1b），并对合格人才的持续供应情况忧心忡忡。若要吸引和留住相关专业人才，大学和研究院所需要为其设计良好的职业发展道路。

---

① 根据前述 2011 年调查，向在皇家学会期刊上发表文章的 1 295 位作者提问：“是否一篇文章相关的所有数据应该在一个公共数据库中保存？”有 57% 回复“是”，43% 为“否”。负面回答的原因包括分享数据在实际操作中的困难。

② National Science Board (2005). *Long-Lived Digital Data Collections: Enabling Research and Education in the 21st Century*. 参见：http://www.nsf.gov/pubs/2005/nsb0540/

③ White House Press Release (2012). *Obama Administration unveils ‘Big Data’ initiative. Announces $200 million in new R&D investments: 29 March* 参见：http://www.whitehouse.gov/sites/default/files/microsites/ostp/big_data_press_release_final_2.pdf

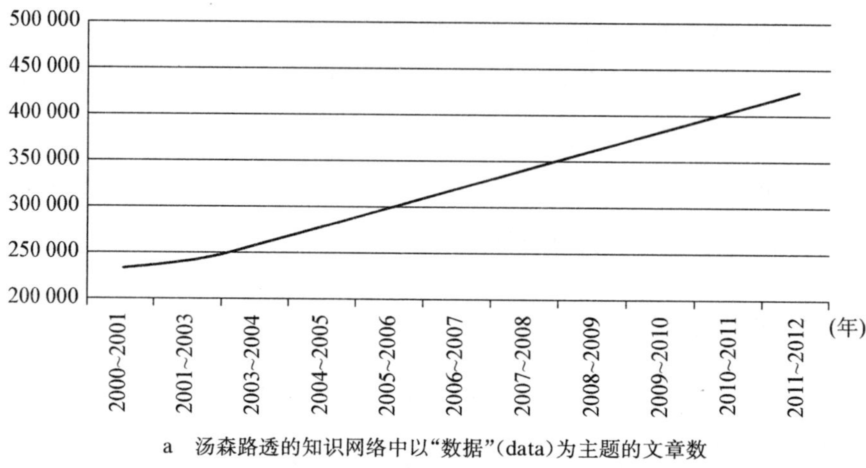

a 汤森路透的知识网络中以“数据”(data)为主题的文章数

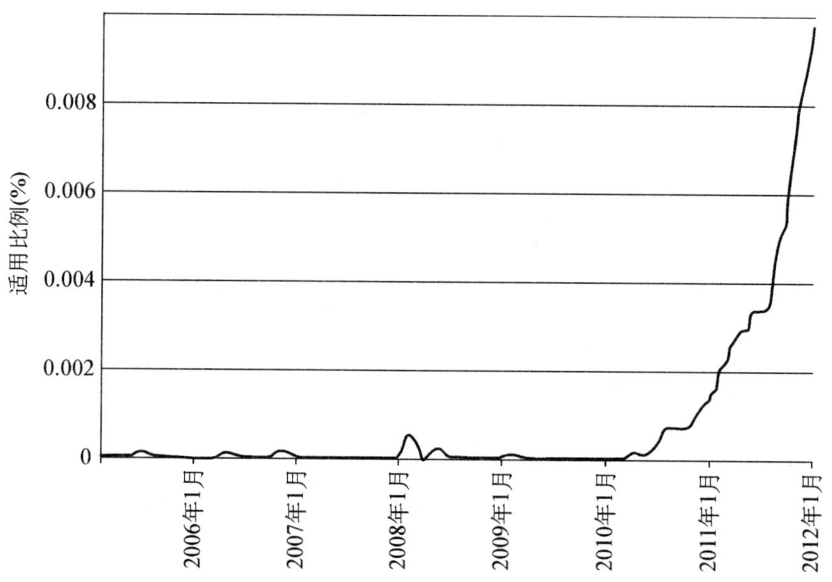

b 招聘网站 Indeed. com 的招聘广告中使用“数据科学家”(data scientist)的次数

图 4.1

数据管理工具

特定的现代数字数据库所拥有的容量度和复杂度,使得过滤、存储、抽取数据成为费力的技术任务。若要保证它们的效率与效果,则需要复杂的软件工具。尽管本书可以列出满足这些需求的现有工具,尽管新开发出来许多工具,若想实现数字革命的潜力,仍然需要计算机科学家们对用于研究目的和商业用途的数据工具进行大量研发。

附录二总结了相关工作所需要的一些软件工具,也指出了本书提出的研究实践活动的变化带来的相关问题。多数数据是动态的,总有新的变化,如采集到了更好的数据或者数据的处理过程得到了优化。需要有方法确保关联的数据库容易更新,而不是“过时”的。需要更好的数据索引工具以便从更大的数据源中找到精确匹配的结果。目前急需能支持整个数据周期的新工具,需涵盖从应用新型设备和模拟算法捕捉数据,一直到数据筛选、加工、综合处理、分析和可视化的整个过程,帮助一线科学家更方便地收集和利用大型或复杂数据集。

数据溯源(tracking the provenance of data)对于数据评估和原始作者归属都至关重要。数据引证(citation of data)的情况应该成为评价科学家个人的重要组成部分,应该与科技论文的引用相提并论。这将有助于鼓励科学家将数据视为开放资源。如果本书提出的智能开放的准则得到遵守(可获取性、可理解性、可评估性和可使用性),这些要素的相关标准应尽快制定。此外,还应该建立通用的标准和框架,以便今后的使用者不仅能操作数据而且能与其他的数据集进行整合。

财务可持续性(financial sustainability)是为了维护具有长期价值的数据库。同时还应充分考虑能源可持续性;按照目前数据库增长的速率,十年内将有相当比例的全球电力会用来满足数据库服务器运行的需要。

成　本

据估算,相比典型的电子出版物知识库的成本,研究数据知识库的运营维护成本呈数量级的增长①。附录三中 arXiv. org 的例证也证实了这一结论。arXiv. org 在物质科学、数学和计算机科学方面发挥日益突出的作用,但目前仅存储文章,不包括数据。这一数据库目前需要 6 名全职员工。全球数据知识库领域指标领先的两个范例是全球蛋白质数据库和英国数据档案,分别耗资数百万英镑并聘请超过 65 名全职员工。

通常数据存储和备份本身的成本远远小于运行数据知识库的总成本,大型强子对撞机或欧洲生物信息学研究所等组织生成的大规模数据集仅属例外情况。例如全球蛋白质数据库是在全球范围内收集生物大分子三维结构信息的知识库,目前涵盖超过 8 万个结构,但其所有数据总和不超过 150 G,还不到一个中等价位笔记本电脑的硬盘容量。很多大学在成本估算中使用的一个经验规律是研究数据的存储和备份成本约为每 5 年 1 英镑/G,这是不包括拓展数据综合处理的情况②,由此计算蛋白质数据库的 5 年存储成本为 150 英镑。与之对应,每年 650 万欧元的总成本中人工成本占了很大比重。然而,通过蛋白质数据库综合处理 20 世纪 60 年代以来全球范围所有已知蛋白

---

① Beagrie N, Chruszcz J and Lavoie B (2008). *Keeping Research Data Safe 1*. JISC. 参见:http://www. jisc. ac. uk/media/documents/publications/keepingresearchdata-safe0408. pdf

② 英国研究研究理事会提供了相关证据。此外,在伦敦大学国家数字档案数据集的成本核算模型中,每兆数据的物理存储成本仅为综合处理一兆数据的百分之一。(Beagrie N, Lavoie B and Woollard M (2010). *Keeping Research Data Safe 2*. JISC. 参见:http://www. jisc. ac. uk/media/documents/publications/reports/2010/keepingresearchdatasafe2. pdf)

结构的成本还不到重新生成这些数据的成本的 1%。

同样，第二级数据中的大规模数字综合处理通常占研究成本的 1%～10%。模块 4.3 介绍了目前英国研究理事会资助的地球科学领域研究的预算平衡情况。

模块 4.3　地球科学领域数据中心

英国地质调查局年度预算约为 3 000 万英镑，其中 35 万英镑用于国家地球科学数据中心。该中心的 900 万个条目有些可以回溯到 200 年前，此外中心还存有来自石油公司或公共资金资助的研究信息。英国国家大气科学中心每年接受的科学预算为 900 万英镑，其中 100 万镑计划用于通过英国大气数据中心综合处理 228 个数据集。英国地质研究项目大约有 1% 的预算用于数据综合处理，大气学研究项目的相关数字为 10%。

没有数据综合处理，不但历史数据会丢失，该领域许多的其他研究成果将无法积累和被再利用。目前这些数据中心超过 70% 的研究数据被其他的研究项目再次利用。

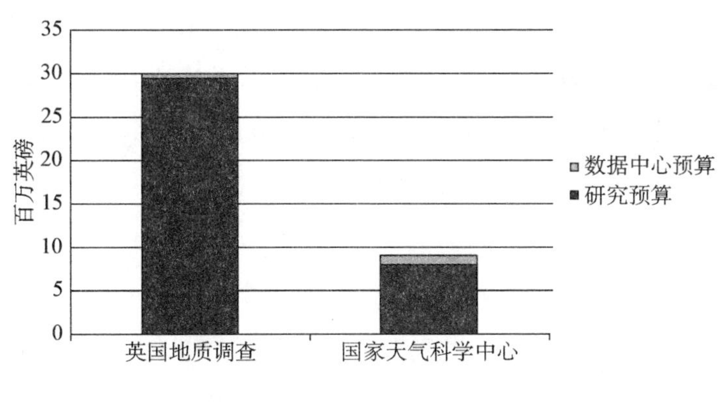

在第三级范畴内,2011 年"知识库支持项目"调查收到了 75 所大学的反馈,结果表明大学知识库项目平均雇佣 1.36 名全职工作人员(FTE),匹配一般的管理、行政和技术人员的支持性工作。目前,仅有 40%这类知识库项目接受研究数据。① 如果大学等研究机构按需求开展相关工作,则需要投入更多预算和高技能的员工。较大型的大学知识库项目,例如南安普敦电子印刷知识库(3.2 FTE) 和牛津研究档案(2.5 FTE,并且在增加),提供了开展不同层次服务的思路。附录三的 DSpace@MIT 项目也展示了类似模式的更成熟的方案,其曾为独立项目,目前成为了麻省理工学院图书馆运营的公司的一部分,公司主要开展集成数字内容管理和传送系统运行的工作。本书认为数据存储和利用的成本应作为研究预算的一部分,但也应考虑寻求当地或区域性资助者以实现规模效应。

一个高效有用的数据库应包括以下功能:数据提供平台、维护与开发、多格式多版本支持(如 PDF、html、postscript 和 latex)、网络访问页面、注册和账户管理系统(视需要而定)、录入质量控制(与格式标准的一致性,适当的技术标准)、动态数据提供与管理工具(细节参见附录二),提供相关分析工具或链接(如可视化工具、统计工具),根据下载量测算并记录影响,数据引用相关服务等。以上每一项服务都为综合处理数据实现了增值,但同时也都是劳动密集且成本高昂的工作。由于这份报告认为数字综合处理(digital curation)是研究过程的一部分,判断投资功效不以绝对成本作基础,而把强化"科学生产力"

---

① A summary of the results: Repositories Support Project (2011). *Repositories Support Project Survey 2011*. 参见:http://www.rsp.ac.uk/pmwiki/index.php?n=Institutions.Summary. 进一步分析参见: Repositories Support Project Wiki (2012). Institutional Repositories. 参见:http://www.rsp.ac.uk/pmwiki/index.php?n=Institutions.HomePage

看作投资回报①。

最近《自然》杂志有篇文章对通过传统模式生成学术出版物的成本和以知识库数据为材料生成学术出版物的成本进行了比较。文章分析了学术出版物作者（而非相关数据集的原始作者）使用基因表达数据库（GEO）数据集的情况。研究显示 2000 年上传的超过 2 700 条基因表达数据库数据集，使没有介入原始数据工作的科学家完成了 1 150篇论文。根据财务理论核算，大约投入 40 万美元可以增加 1 000 篇论文，而同样金额投资到原始研究上仅能产生 16 篇论文，差异巨大②。与此相似，英国经济与社会研究理事会制定政策资助“英国数据档案”项目，并且要求研究人员在申请收集新数据的资助之前需要确定数据库中没有适用的现存数据，以此最大限度地增加数据的重复利用③。

英国联合信息系统委员会支持第三和第四级的数据综合处理，它对 16 岁以上学生学习和研究工作中使用信息与计算机技术提供指导。该委员会 2010～2011 年核心预算为 8 920 万英镑，资本性资金为 2 760 万英镑。英格兰高教拨款委员会（HEFCE）和系统委员会联合设立了 1 000 万英镑的“共享服务与云计划”项目，通过共享云基础设施为高等教育机构的数据管理和存储提供优惠服务④。

---

① JISC (2010). *Keeping Research Data Safe 2*. 参见：http://www.jisc.ac.uk/media/documents/publications/reports/2010/keepingresearchdatasafe2.pdf. 也可参见 Research Information Network (2011), *Data centres: their use, value and impact*. 参见：http://www.rin.ac.uk/our-work/data-management-and-curation/benefits-research-data-centres.

② Piwowar H A, Vision T J, Whitlock M C (2011). *Data archiving is a good investment*. Nature, 473, 285. 参见：http://dx.doi.orgdoi:10.1038/473285a The indicative repository costs used in the article were those for Dryad (appendix 2).

③ ESRC (2010). *Research Data Policy*. 参见：http://www.esrc.ac.uk/_images/Research_Data_Policy_2010_tcm8-4595.pdf

④ JISC (2012). *UMF Shared Services and the Cloud Programme*. 参见：http://www.jisc.ac.uk/whatwedo/programmes/umf.aspx

"澳大利亚国家数据服务"①建立于 2008 年,通过两年时间创立和开发"澳大利亚研究数据共享"(ARDC)基础设施。他们的一个重点项目是"数据采集"(1 160 万澳元),建立研究院所收集和管理数据的基础设施,并改进元数据的管理方法。这一举措很大程度上关注大学中的数据管理工作(参见图 4.2 的"机构化管理"气泡)。该模型引发了一个有趣的问题,鉴于英国研究经费的双重资助体系,研究项目和研究机构之间的研究数据管理责任如何划界?澳大利亚模型对长期的系统性变化有所预期,这对于广泛收集没有与数据中心建立合作关系的科学家生成的数据很有必要。

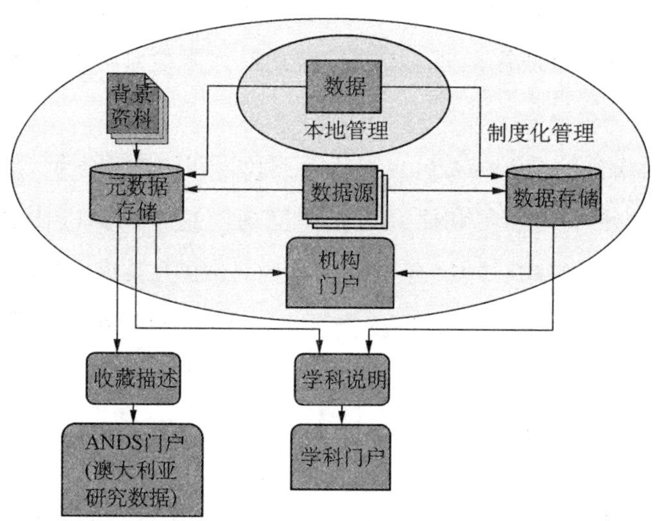

图 4.2 澳大利亚研究数据共享②

注:澳大利亚研究数据共享计划中的数据管理。圆圈表示流程中的制度化管理部分,凸显介于("本地")项目、机构和国家级研究数据基础设施的责任分工。领域描述和入口位置指向特定学科数据库。

① Australian National Data Service (2011). 参见:http://www.ands.org.au/

② Australian Research Data Commons (2012). 参见: http://www.ands.org.au/about/approach.html#ardc

澳大利亚模式通过 455 万澳元的“共享协议的耕耘”(Seeding the Commons initiative)项目，资助元数据工具的开发。从 2009 年起，持续了 10 年的英国长期数字科学项目不再继续，将战略重点移至相似的重要工具研发工作上。美国白宫科技政策办公室副主任对于新近有关资助数据管理工具开发的声明的阐释是，“计算机的未来不是大铁疙瘩，是大数据”[①]。英国政府近期追加 1.58 亿英镑用于英国的电子基础设施建设：软件开发、计算机性能、数据存储、宽带网络、网络安全和技能。这些投资大部分用于支持大数据学科的基础设施建设。电子基础设施的价值只有通过有技能的专业人员，使用正确的工具才能发挥出来。英国的数字科学项目曾在世界领先，根据正式的综述报告，这一项目建立了专门技能人才库。但这些成就仅仅是项目层面的，而不是基础设施建设，也未改变诸学科面貌。这些变革缺乏后续投资就不能自我存活。不应抛弃英国联合信息系统委员会、国家数字综合处理中心等数字科学遗产。

---

① White House Press Release (2012). *Obama Administration unveils 'Big Data' initiative. Announces $200 million in new R&D investments 29 March*. 参见：http://www.whitehouse.gov/sites/default/files/microsites/ostp/big_data_press_release_final 2.pdf

第5章

结论和建议

在诸多科学领域,研究数据智能开放的机会已经显现。为此,本书认为现在是加快和协同数据开放转变的大好时机,但是这种转变要适合科学事业的多样性,并充分考虑科学家、其任职的科研机构、资助者、出版者、使用研究数据的机构以及公众等的利益。本书从新的科学时代提升研究数据影响力的角度提出了若干建议,旨在改变研究结果的传播方式和交流途径。这些改变不仅有助于科学知识的传播,也是对公众期待研究结果开放的回应。但是人们对不同研究的关注度不同,不同研究的重要性也不尽相同。基于商业性、隐私性、机密性或者安全性等理由,一些数据需要保密。此外,数据和元数据的有效传播虽然可能带来新的机遇,但也需要付出一定的成本。本书提出了一些关键原则,但应用这些原则必须小心谨慎。

数据资源的开发一般包括两种模式,一种是自上而下的模式,比如设计和制造飞机,另一种是自下而上的模式,比如互联网的发展带来的新的行为以及这些行为的利用。促进数据资源开发的战略制定必须充分考虑自上而下的规划模式和自下而上的动态模式之间的差异。规划中的基础设施，若以规定和假定的利用模式为前提，很可能造成误解和浪费。基础设施必须促进而不是抑制创造性。

首先要确保包括科学家、其任职的研究机构、出版者和政府等科学界的各个参与方能就六个大的变化达成共识：(1)要转变数据归私人所有的研究文化；(2)扩展数据评价的标准以利于有用数据的交流以及新合作模式的形成；(3)为传播数据而开发通用标准；(4)强制性智能开放那些与发表科学论文相关的数据；(5)加强数据管理科学家队伍建设，使其胜任管理和支持数字数据的利用工作(这对私营部门成功进行数据分析以及政府数据开放战略的有效实施也至关重要)；(6)开发和利用新的软件工具，自动化和简化数据的创建和开发。以下建议明确表达了对每个利益相关方角色的定位。

国家级科学院及学术团体的角色

开放科学本质上的国际化特征，使得这一点至关重要，即任何建议，其作用将因各种国际标准和能力的提升而得到增强。英国皇家学会将会联合其他国家级科学院和国际性科学协会，促进国际科学界去实现智能化的开放数据的政策(intelligently open data policies)。它还将支持建立科学数据和元数据的全球标准。国际科学专责机构必须在他们的社群之中引领示范这种管理数据的理念。2012年4月，包括英国皇家学会在内的全欧科学院(ALLEA)的科学院成员们签署了承诺书，以推进实施出版物、科研数据和软件的开放科学原则①。

① ALLEA (2012). *Open Science for the 21st century: A declaration of ALL European Academies*. 参见：http://www.allea.org/Content/ALLEA/General%20Assemblies/General%20Assembly%202012/OpenScience%20Rome%20Declaration%20final_web.pdf

英国皇家学会支持全球科学界共同努力,确保研究能力相对落后的国家也能从扩大全球科研数据共享的行动中获益。中低收入国家的研究经费应该覆盖以可持续的方式进行数据管理和分析的领域。

就数据共享的方式而言,重要的是要能平衡数据生成者和使用者的权利和责任,要能凸显那些参与科研活动的个人与群体的贡献和期望。本报告认为英国在与全球分享研究数据的同时,也能够利用数据创造价值。英国吸收研究的能力很强,能够将大部分数据作为开放的资源。但是对一些较为落后的国家来说,科学家们处于不利地位,他们生成的数据可能落入他人之手①。虽然自由获取出版物的模式可以使全世界的研究者都能自由地获取出版的研究成果,但确保这种向作者付费的模式(author-pays fees)的过渡,不会影响到发展中国家科学家发表他们的研究成果至关重要。

科学家及其任职机构的作用

科学家们

科学家们的目标是通过最有效的途径发现新的知识。本书展示了以开放科学来促进这一目标实现的视角。创先学科(Pathfinder disciplines)致力于建设开放数据文化并从中受益,一些科研人员正在探索众包机制(Crowd sourcing mechanisms),一些科研人员则不断跨越原有的学科专业的界限。

与日益增加的数据开放相反,仍然有一些科学家倾向于囤积他们

---

① Walport M and Brest P (8. 1. 2011). *Sharing research data to improve public health*. The Lancet, 377,9765,537 - 539.

的数据。这种现象是可以理解的，在他们能够有机会发表一些非常有影响力的文章之前，他们是不愿意公开通过辛苦努力获得的数据的。本报告认为囤积数据的行为严重阻碍了科学研究的进展，因为这样做阻碍了他人对数据进行独立验证、对实验进行重复、对理论进行验证以及对实验数据进行新的利用。除了要求一些领域数据公开应该成为常态，也要给研究人员一个明确的专享期限，给他们时间来分析和公布研究结果(包括负面结果)。研究资助方应预先指定数据发布的时间和条件。

建议一

科学家们应分享所搜集的数据和创立的模型，允许自由开放的获取。这些数据应该易于理解、易于评估并可以供全世界相同或相关领域的专家使用。为达到这些要求，科学家应将数据以适当的方式存储以便于他人使用。我们应尽可能将与广大公众的交流视为头等大事，特别是当开放数据的领域涉及公众利益时。

具体行动

皇家学会将与来自科学界各个方面的知名学术和专业团体代表一道努力促进该建议的采纳(同建议四)。

机构（大学和研究机构）

大学和科研机构一直持续地适应创造和传播知识的新机遇。现代化数据丰裕的科研、教育以及开放文化的环境带来新的挑战。主要包括两个方面：一是创建激励科研人员调整工作和发展的环境；二是实行管理他们所创造的知识的战略。

若要开放科学惠及新的研究领域，高校和研究机构的奖励和晋升制度需要做更多工作,以便那些开发和综合处理数据的研究者能够被认可。包括制定数据和论文发表的时间表在内的信息和知识管理要成为机构组织战略的一部分。这对知识产权战略而言也是一个新机会,需要对其进行更新以帮助机构采取更加多样化的方式来行使知识产权。

建议二

大学和科研机构应在支持开放数据文化上扮演主要角色:将数据传播作为它们的科研人员在职业发展和奖励上的重要评估标准;发展数据战略以及综合处理它们所拥有的知识资源的能力并支持科研人员的数据需求;把开放数据视为常态,但如果限制访问有利实现公共投资回报时除外。

具体行动

认可:

(1) 发展更加健全的荣誉归属标识体系,有利科研人员开发和传播数据资源:关键是让其他人使用这些资源。

(2) 观测其职员参与的数据开放相关活动,确保将其纳入专业晋升、提拔和奖励体系。

(3) 通过某些开放系统,例如开放科学家与贡献者认证系统,开发和采用通用的永久性科研人员个人标识符(Open Researcher and Contributor ID,简称 ORCID)。

数据和信息战略:

(1) 确保数据集在更广泛的研究范围内被使用或者以链接到合适数据库的方式保持重要数据的长期价值,这可以通过构建公认的主题数据库或通过大学对数据综合处理建立无障碍访问链接数据库来实现。

(2) 支持具有更广泛使用潜力的地区数据库的开发。

(3) 针对科学数据集的管理原则和实践,组织教育和培训。

(4) 根据指定的时间表,对已经获得资助但尚未完成的项目制定并公布数据资产登记记录。

(5) 支持建立将数据科学家和信息管理者作为组织核心业务的职业结构。数据科学家和信息管理者包括负责创建和实施机构数据战略的个人,以及那些直接支持研究人员研究活动的数据管理者。此外,还应包括其他参与研究数据基础设施开发、建设和维护的人员。

针对英国的建议:

(1) 不同机构之间应共享成功经验。联合信息系统委员会和英格兰高教拨款委员会应协调不同机构制定发展战略,大学董事会层面要发挥对研究机构知识管理方面的监管,以确保相关战略的实施。

(2) 应当严肃看待英国知识产权局(The Intellectual Property Office)最近的呼吁,即大学应对知识产权管理采取更为弹性的方式[①]。英国知识产权的《哈格里夫斯报告》(*The Hargreaves Review*)结论中提出几乎没有证据表明当前的知识产权立法对大学造成伤害,即使有伤害也是可以通过更好的做法改变的[②]。英国政府未来五年将对这个问题再度进行回顾(见建议八),大学应该提供更多知识产权立法成为创新障碍的确凿证据。

---

① Intellectual Property Office (2011). *Intellectual asset management for universities*. 参见:http://www.ipo.gov.uk/ipasset-management.pdf

② Intellectual Property Office (2011). *Supporting Document U: Universities, Research and Access to IP*. 参见:http://www.ipo.gov.uk/ipreview-documents.htm

评估大学研究

越来越多的国家级评估涉及大学研究的卓越性和影响力。评估的方式取决于公共资金以何种渠道进入大学,以及不管这些资金是直接通过政府部门还是通过其他中介机构拨到大学,这些研究资金以怎样的负责任的方式被使用。评估产出的方式是影响大学行为的关键,特别是与研究人员晋升和奖励有关的科研人员贡献相应的评价。本书认为成功获得数据的技能和创造力也应作为高水平研究的评价指标,并同样应获得奖励。在知识互动的网络中,除了发表论文,数据和数据的共享本身应作为每个研究者的主要工作目标,最理想的结果是每个研究者的创造力都能够被别人的研究激发。此外,引用开放数据也应当作为研究发表论文的一部分。

产生大型数据的设备和设施的运行需要多个团队合作,同样,信息学上要求的大型数据以及相关元数据的处理、存储、综合处理和呈现也都需要团队合作。从这个角度讲,如何建立更有效的协同工作机制,而使其不被目前常规的、排他性的、只奖励个人和小团队的模式所破坏就显得至关重要。

建议三

大学的科研评估应对数据开放方面的工作进展(包括个人工作及协同合作)予以奖励,其程度应与发表文章及其他出版物相同。

具体行动

数据的标准:

(1) 确保发表科学论文的支持数据在默认条件下能够被获取和使用,至少在同一学科领域内的科学家之间应该能够实现上述要求。

(2) 鼓励在数据引用过程中,采用国际公认的标准。

(3) 结合有关方面专家对数据的引用和重新利用定量措施的审查,为数据集、元数据和软件的评价提供标准。

(4) 为便于今后查阅,明确界定什么是数据集,并且说明规模和使用范围不断扩大的数据集在何时应被赋予更大的权重。

(5) 运用合适的社会评价指标,发现和奖励创造性和新的协同工作方式[①]。

针对英国的建议:

(1) 英格兰高校拨款委员会应该将这一规则作为研究卓越性评估框架(Research Excellence Framework,简称 REF)的一部分。该框架对英国大学评价和奖励研究者具有较强的引导作用,在框架中引入记录引用开放数据的指标将有力地推动数据发布。

(2) 英国联合信息系统委员会的研究数据管理项目(Managing Research Data programme)或者类似的项目在未来五年应该扩展到超过 17 个的试点研究机构(pilot 17 institutions)。这些项目的目标应该集中到制定一套全国协调的研究机构数据管理政策。

学会、科学院和专业团体

科学家往往对其学科领域和雇佣机构履行双重的忠诚义务。其对学科领域的忠实因为关系到研究传统和习惯而表现得最为强烈,这

① Altmetrics (2012). *altmetrics: a manifesto*. 参见: http://www.altmetrics.org/manifesto/

也反映出代表其学科发展的知名学术团体、院校和专业机构的标准、价值和重点取向。学术团体在促进开放数据文化,使之成为其学科领域规范方面发挥了很好的作用。它们在阐明如何开放,以及在更开放的文化中抓住新机遇方面也发挥了重要作用。

皇家学会曾多次举办有关数据共享的讨论会,最近一次的讨论会题目为“网络科学:新的前沿”(Web Science: a new frontier)[①]。作为本书研究的一部分,2012 年 1 月皇家学会与从事大型数据工作的大学研究人员(University Research Fellows)共同举办了开放数据圆桌讨论会;2012 年 9 月,皇家学会与国际科学理事会科学传播自由和责任委员会联合主办关于数据时代科学成果价值的讨论。上述讨论的结果将纳入皇家学会如何服务其资助者的讨论中。

建议四

各学会、科学院和专业团体应在其成员中推广开放科学的理念,推进相关数据开放工作,并努力实现开放获取期刊文章在经济上的可持续性。应设法加强数据管理工作从而使他们的会员们从中获益,并努力改变工作习惯以实现这一目标。

具体行动

学术团体和机构应该:

(1) 定义数据综合处理的良好实践,为会员们服务。

(2) 推进合作,把握更有效的数据共享带来的机遇。

(3) 推广新的数据共享工具的优点,包括为成员们提供培训机会。

---

① Royal Society (2010). *Web Science: a new frontier*. 参见:http://royalsociety.org/Event.aspx?id=1743

研究资助方:研究理事会与慈善机构

研究资助方越来越要求他们资助生成的数据能够更易于访问。英国研究理事会早在2006年就出台了有关研究成果开放的政策[①]。在借鉴了一些理事会长期以来采取的更有力的政策基础上[②],研究理事会制定了统一的数据政策[③]。许多其他非商业性的资助者也相继出台政策,要求被资助者在全部研究完成之后的一定时间内将数据共享[④]。而且,大部分资助者要求申请者在提交项目申请阶段就提交数据管理和共享的计划。2011年,美国国家科学基金会进一步要求项目申请书要包括数据管理计划,并且该计划必须体现出项目申请如何能够达到基金会的政策要求,即受基金会资助的研究者要在不增加成本的条件下,在合理的时间内将项目实施过程中产生和搜集的原始数据、样品、物理文献等支持材料与其他研究者共享[⑤]。

目前,资助者观测数据开放政策的执行效率,尚未成为常态,也没有人对相关政策的执行成效进行统计。随着资助者对数据开放的要求从一般性的原则具体到更为详细的数据管理层面,政策的执行率问题必须得到解决。作为国家级的研究资助机构,英国研究理事会正在

---

① Research Councils UK (2006). *Research Councils UK updated position statement on access to research outputs*. 参见:http://www.rcuk.ac.uk/documents/documents/2006statement.pdf

② Natural Environment Research Council (2012). *NERC data policy*. 参见:http://www.nerc.ac.uk/research/sites/data/policy2011.asp

③ Research Councils UK (2012). *Excellence with Impact: RCUK Common Principles on Data Policy*. 参见:http://www.rcuk.ac.uk/research/Pages/DataPolicy.aspx

④ Digital Curation Centre (2012). *Overview of funder's data policies*. 参见:http://www.dcc.ac.uk/resources/policy-and-legal/overview-funders-data-policies

⑤ National Science Foundation (2011). *Dissemination and Sharing of Research Results*. 参见:http://www.nsf.gov/bfa/dias/policy/dmp.jsp

积极尝试拒绝资助不愿共享数据的申请者,并对不同学科数据管理的规则保持敏感。特别需要强调的是,不能在一些没有数据共享需求或者没有适合于支持数据综合处理基础设施的地方强制实施代价高昂和复杂的数据共享。

皇家学会已经开始在较大的科研基金中引入数据管理政策,可能涉及部分研究者的研究费用和薪资①。在下一轮会员研究资金政策审查中,皇家学会将在所有资金中推广这一作法。2012 年皇家学会更新了研究人员数据库,将其资助的研究人员及他们的研究信息对外开放。

建议五

研究理事会和相关慈善科研机构应通过他们支持的项目,加强科研数据交流工作,主要包括:鼓励那些致力于扩大利用并积极传播科研数据的科研人员;将数据及元数据的准备以及综合处理费用纳入研究全程的费用之中;加强与其他组织或个人的合作,确保数据集的可持续性。

具体行动

针对英国的建议:

(1) 英国研究理事会在 2013 年启动科研匝道(Gateway to Research)计划②,促进研究理事会资金信息的开放。该计划提供项目申请成功者的详细信息,以便小企业能够接触到这些信

① Royal Society (2012). *Sir Henry Dale Fellowships*. 参见:http://royalsociety.org/grants/schemes/henry-dale/

② RCUK (2011). *Gateway to Research Initiative*. 参见:http://www.rcuk.ac.uk/research/Pages/gtr.aspx

息。同时，研究理事会还需及时了解各学科领域以及公众在使用该研究通道时的兴趣需求，以便快速地予以满足。在这一计划实施过程中，不仅要关注研究数据，也要关注对研究数据的需求。

(2) 研究理事会需要在 2012 年更新通行数据政策，应要求项目申请单位提出数据管理计划。数据管理计划不仅是项目申请评估的一部分，更应成为将相关研究与英国数据中心和英国联合信息系统委员会已提供的支持联合起来的途径。数据管理计划应符合机构的信息管理战略，简单易懂。

科学期刊发行人

许多科学研究都是通过学术期刊进入到公众领域的。理想情况下，如不考虑篇幅限制，所有的支持数据和论据都应该通过文章中的链接获得。至少发行人应该告知这些数据什么时候通过什么样的途径可以获得。极特殊情况下，数据如不能公开，研究者也必须通过公众能够获得的途径给出解释和理由。越来越多的期刊明确提出了数据公开的政策要求，但是执行成效非常低。

建议六

作为出版的条件之一，科学期刊应强制要求作者公布文章论点所依据的数据，确保这些数据易于获取、评估、使用和追溯，并在文章中明确说明在什么时间和什么条件下数据可为他人所获取。当然，相关要求应符合研究工作的实际限制。

公共科研部门和私有的商业产业部门之间的有效交流是传递科

学研究价值的关键。这种有效交流应包括思想交流、技术交流和人员交流等三个方面。对于由公共和私人部门所资助的研究所产生的数据、信息和知识而言,其被广泛获取的时间及方式均受到经济利益和公众对相关研究的关注度的影响。

具体行动

出版者应该:

(1) 积极鼓励数据获取有关标准协议的制定。

(2) 鼓励和支持对数据集引用的奖励措施。

(3) 继续努力支持专注于数据发表的杂志,并推广实践中的典范以及开发通用标准。

(4) 支持并参与全球性、开放性和永久性的科研人员标识协议,比如开放的研究者与投稿者身份标识系统(ORCID)等,以确保研究者和数据的关联以及准确归属。

研究的商业资助者

科研工作的价值得以传递的关键是实现思想、专业知识和人员在公共部门和私营企业之间自由流动和交换。本书阐述了如何通过更大范围的开放来提高和传递商业价值。更大范围的开放也更有利于将可免费获取的数据、信息和知识用于开发商业化的产品和服务。公开研究数据和政府数据为创新和新兴企业发展带来机遇,这方面不乏一些引人注目的案例。这也就意味着无论从吸引投资的临时目的,还是保守商业秘密的长期考虑,封闭的程序有时是必要的。

当临床试验等商业化研究数据可能影响公众利益的时候更需要

数据开放，而且不仅包括开放正面的支持数据，也包括负面数据。特别是当存在与某些特殊技术（比如医药和医疗器件）有关的安全问题的时候，需要以某种快速的渠道，例如通过监管者和私人投资者公布信息，这时候开放比商业利益更重要。

建议七

在涉及公共利益的领域内，产业部门和相关管理部门应联手建立分享数据、信息和知识的有效工作方式。特别需要指出的是，公开的信息中应该包括科研中失败或无效的结果。任何数据的公开都应作清晰标记并进行有效沟通。

无论是管理顾客数据以提高服务水平，还是捕获外部数据以提供新的服务，数据管理已经成为21世纪良好的企业实践的组成部分。下一代数据管理科学家和分析工具也将满足这些需求。准确定位产业对这类技能的需求和知识产权管理的关系，对政府政策的有效实施十分重要。

政　　府

很多政府都视科学基础为国家财富的重要组成部分。然而企业是否有效地把握了数据密集型科学开放共享所带来的机遇？企业是否具备相关的科学基础能力？如何处理政府数据公开和高级信息产品商业化收费之间的关系？

对许多国家来说，这一系列问题都需要得到与国家发展重点和进程同样的重视。美国近来已经意识到这一问题的重要性，并每年投入数以百万计美元建设基础设施和培养人力资源[①]。英国政府数据公开

---

① White House Press Release (29 March 2012). *Obama Administration unveils 'Big Data' initiative. Announces $200 million in new R&D investments*. 参见：http://www.whitehouse.gov/sites/default/files/microsites/ostp/big_data_press_release_final_2.pdf

计划的实施效果很大程度上也取决于数据科学家和分析工具能够提供的支持。研究数据的智能开放还需要能够对不同数据类型和开放需求做出准确反应的一系列基础设施条件。

建议八

政府应该认识到数据开放以及科学开放在优化科学基础方面的潜力。作为对政府开放数据政策的补充，政府应制定科学数据开放的相关政策，并支持相关软件工具开发和人员技能培训工作。这些工作对于科学开放和政府数据开放政策能否有效实施至关重要。

我们应综合评估数据共享所带来的公共利益和涉及个人隐私保护等方面的相关风险，从而评判数据是否需要被更广泛地获取。对于科研人员的指导性意见应该明确持久。

具体行动

针对英国的建议：

(1) 英国政府应通过商业、技能与创新部重新审视其支持电子基础设施路线图的有关工作。除了对数据革命所需物理设施、技能和工具的重视之外，急需对本书提出的软件工具和数据科学家两个方面予以同等重视。应考虑在这些领域进行大规模的投资，以确保英国能够利用海量数据资源。

(2) 商业、技能与创新部以及技术战略委员会应该利用他们的经费促进企业利用开放科学信息和成果。与为校企合作提供物质基础设施一样，技术与创新中心(Catapult Centres)应该通过加强数字技术设施来促进基于数据的知识交易。科研匝道计划(The Gateway to Research)发挥了部分作用，但还远远不够。

(3) 哈格里夫斯知识产权报告风波之后①,商业、技能与创新部的工作应该继续,目前破除数据阻碍和文本挖掘的著作权障碍的尝试应受到欢迎。哈格里夫斯报告中,科学界所关注的问题要在未来五年再次审议②。

(4) 政府应该确保信息自由(Freedom of Information)体制不会影响到公共和私人部门共同开发利用科学数据的合作可能,因为有关的数据可能属于基于信息自由规定要求公开涉及商业秘密的一些信息。

(5) 政府应该继续探讨对于政府的一些机构和研究所数据的开放政策是否比出售这些数据更加高效。对于气象和地理数据来说可以采用两个层面的解决方案,即对一些数据进行开放,而对更详细的数据和信息则要在被许可前提条件下使用。这也考虑到了英国气象局(MetOffice)和英国地理调查局(British Geological Survey)内部开展的复杂的、商业价值高的数据传译(data interpretation)工作的延续性。

隐私、安全和安保的监管者

未来的监管实践要跟上数据分析技术的发展步伐。与重组数据技术的发展一样,保护隐私和安全的工作只会变得越来越困难。监管

---

① Department for Business, Innovation and Skills (2011). *Innovation and research strategy for growth*. 参见:http://www.bis.gov.uk/assets/biscore/innovation/docs/i/11-1387-innovation-and-research-strategy-for-growth.pdf

② Intellectual Property Office (2011). *Supporting Document U: Universities, Research and Access to IP*. 参见:http://www.ipo.gov.uk/ipreview-doc-u.pdf

程序需要平衡公众从分享研究中获得的潜在收益和近期面临的技术风险。

对于将私人数据用于研究目的,必须事先对公众从分享研究中的获益、个人隐私保护以及包括名誉在内的其他风险管理等方面进行权益平衡以及详细审查,以便做出适当决策。在这一问题上给予研究人员明确和持续的指导同样很重要。

建议九

我们应建立一整套与需求相符的系统来管理数据集。这意味着,只有在可能带来较高的公共价值且确有必要时,个人数据信息才会被公开共享。公开信息的类型和数量将与某项研究特定的需求相匹配,同时以适当的方式回避风险,如签署授权或建立信息安全区等。在决定共享数据时,应考虑到不断演进的技术风险和个人隐私保护方面的技术进展。

具体行动

所有的监管和管理机构以及数据持有人应该采用风险评估的方法来促进数据开放政策实施,并保护个人隐私。建立最合适的管理机制,应当以获得更大开放性并且保护隐私和机密为目标。

针对英国的建议:

(1) 司法行政部应该推动公益研究的公开透明,并且倡导合适的管理机制以兑现欧盟数据保护法案(EU Data Protection Regulation)。

(2) 新的健康研究局(Health Research Authority)应该与其他监管机构磋商,为研究者和伦理委员会提供相关立法及其解释的指南,以减少目前管理上的不确定性。

针对欧盟的建议：

（1）欧盟委员会应该在数据保护法案中对涉及公共利益的研究予以更加明确的阐述，进一步明确许可、匿名和授权等在研究管理中的相关作用。在这一过程中，欧盟委员会应当认识到目前匿名化（anonymisation）还尚未实现。

（2）数据库权对科学界的影响应该在下一轮欧盟数据库指令制定过程中予以明确。尽管安全问题实实在在存在，但不应成为用来阻碍数据开放的理由。与开放研究给公众带来的益处相比，新的科学发现被用于其他方面的可能性很小。

建议十

鉴于安保和安全等因素，基于现有商业标准的相关成功实践和公共信息共享协议必须被更广泛地接受与采用。在指导性意见中应反映这样的事实，那就是安全不仅可以来自保密，也可以来自更大程度的开放。

数 据 术 语

数据关系	定　　义
数据	记录某种客观现象基本属性的数字、字符或图象。
信息	当数据结合在一起用以揭示现象的某种特征时，数据就成为信息。
知识	当信息对有关某种现象的非琐碎的、真实的主张提供支持时，信息就产生了知识。

数据类型	定　　义
大数据	需要大规模的计算能力来处理的数据。
广泛的数据	结构化的大数据，因而能通过网络被大家自由获取，比如类似“www.data.gov”网站上的数据。
数据	真实（或假定为真实）的定性或定量的陈述或数字。数据可以是未加工的或第一手数据（比如直接来自测量所得的数据）或第一手数据的衍生数据，但不是分析或解释（不包括计算）的产物。
数据鸿沟	当数据与已发表的结论脱离时，便形成了数据鸿沟。
数据密集型科学	涉及大型甚至超大规模数据集的科学。

（续表）

数据类型	定　　义
数据导向型方法	在识别数据集中的关系后创立研究假设的方法。
数据导向型科学	运用大规模的数据集去寻找作为研究基础的模式的科学。
数据集	真实信息的电子形式的集合，其中所有或者绝大部分被集合的信息意在提供某种服务或执行某种功能。数据集中包含的真实信息不是分析或解释（不包括计算）的产物，也不是官方的统计数字，其从录入后便不可改变和调整。
关联数据	关联数据由独有的标志符对其命名和定位以便于获取。它包括针对其他相关数据的多个标志符，从而以独有的方式在数据间建立起联系，提高相关数据的可发现性。
元数据	元数据是“数据的数据”，它描述了有关数据的属性信息，如数据的创立方式、创立目的、创立人和创立时间以及数据的结构、许可条款以及其遵守的标准等技术性信息。
开放数据	开放数据是指达到智能型开放标准的数据。数据必须可获取、可使用、可评估和可理解。
语义数据	是指被特殊的元数据所标记的数据，这些元数据能用以导出数据间关系。

智能开放术语	定　　义
可获取性	数据必须处于易发现的地方、易使用的形式。
可评估性	数据或信息的可靠性能够被判断和评估。数据必须为科研成果提供明确且清晰的评估标准或方法，以便理解和详细检查。因此，数据是因受众而异。
可理解性	数据易于被审查者所理解。受众能够对数据所传递的内容作出判断和评估，能够对论断的性质以及作出论断的人的能力和可靠性作出判断和评估，能够对可能影响公众信任的附带性因素作出判断和评估。
可使用性	数据处于他人能够使用的格式，能够被再次用于不同的研究目的。因此，数据应具有适当的背景信息和元数据。数据的可使用性也依赖于希望使用它们的那些人。

术 语 词 汇 表

术语	定　义
ACTA	Anti-Counterfeiting Trade Agreement 反假冒贸易协定
ALSPAC	Avon Longitudinal Study of Parents and Children 埃文纵向亲子研究
ALLEA	ALL European Academies 全欧科学院
Amazon Web Services Cloud	亚马逊云存储服务，由可扩展且低成本的计算平台形成的一组服务。
Anonymisation	匿名化过程，即从数据集中去除数据的识别特征，以保护隐私并增加安全性。
ARDC	Australian Research Data Consortium 澳大利亚研究数据联盟
AUD	Australian Dollars 澳元
BADC	British Atmospheric Data Centre 英国大气数据中心
BGI	British Genomics Institute 英国基因组研究所

（续表）

术语	定　义
BIS	The Department for Business, Innovation and Skills 英国商业、创新与技能部
BLAST	Basic Local Alignment Search Tool 基本局部序列比对搜索工具
BOINC platforms	面向志愿计算和网格计算的开源软件平台
CCF	Climate Code Foundation 气候代码基金会
CEDA	Centre for Environmental Data Archival 英国环境数据档案中心
CEH	Centre for Ecology and Hydrology 英国生态与水文中心
CellML	Cell Mark-up Language 细胞标记语言
CERN	European Organisation for Nuclear Research 欧洲核子研究组织
ChEMBL	生物活性药物小分子数据库
Copyright	著作权，为防止他人复制作品中思想的表达而赋予原创作品作者的权利
Creative Commons	该组织推动作家和创作者，以免费版权许可和工具的形式将其工作成果自愿与更多人共享
CrossMark	这一新项目可将指定文章与实时期刊数据库运行比照，并显示该文章是否为最新版本以及是否已经被删节
crowdsourcing	为解决具体问题而向公众开放科学研究并征集解决方案的过程
Cryptography	加密技术，设定或解开代码的技术
cyberhygiene	对于获取和复制信息有明确的规则，且该规则随着数据性质的演变而变化。
LOCKSS	面向图书馆和学者提供存储服务的全球数据库。

（续表）

术语	定　义
DaMaRO	Data Management Rollout project at the University of Oxford 牛津大学数据管理项目
DDI	Data Documentation Initiative 数据存档计划
DMPOnline	Data Management Planning online tool 数据管理规划在线工具
DNA	Deoxyribonucleic acid 脱氧核糖核酸
DOI	Digital Object Identifier 数字对象标识符
DPA	Data Protection Act 1998 1998 年数据保护法案
dual-use	事物具有设想目标以外的用途。
DVD data distribution	为使尚不拥有先进技术的发展中国家也能够获取相关科学数据，而将其以 DVD 的形式进行记载。
EBI	European Bioinformatics Institute 欧洲生物信息学研究所
ECHR	European Commission on Human Rights 欧洲人权委员会
e-content	在线内容
ELIXIR network	未来泛欧生物信息研究基础设施
EMA	European Medicines Agency 欧洲药品管理局
EPSRC	Engineering and Physical Sciences Research Council 工程和物质科学研究理事会
ESFRI	European Strategy Forum on Research Infrastructures 欧洲科研基础设施战略论坛
ex cathedra	权威性

(续表)

术语	定　义
FDA	Food & Drug Administration 美国食品药品监督管理局
FITIS	Flexible Image Transport System 柔性的图像传输系统
FoIA	Freedom of Information Act 信息自由法案
FTE	Full-time equivalent 等同全职
GDP	Gross Domestic Product 国内生产总值
GEO	Gene Expression Omnibus 美国国家生物技术信息中心基因表达库
GIC	Group Insurance Commission 美国麻省集团保险委员会
Gigabyte	10^9 字节信息
GitHub	基于互联网且使用分布式版本控制系统的软件开发项目托管服务
GM crops	Genetically Modified crops 转基因作物
GNU	免费的类 Unix 操作系统软件
GPS	Global Positioning System 全球定位系统
GPs	General Practitioners 全科医生
GSK	GlaxoSmithKline 葛兰素史克
H5N1	禽流感病毒
HD	Huntington's Disease 亨廷顿氏病

(续表)

术语	定　义
HE Institutions	Higher Education Institutions 高等教育机构
HEFCE	Higher Education Funding Council for England 英格兰高等教育拨款委员会
HGC	Human Genetics Commission 人类遗传学委员会
HIV/AIDS	Human Immunodeficiency Virus/Acquired Immune Deficiency Syndrome 艾滋病毒/艾滋病的,人类免疫缺陷病毒/获得性免疫缺陷综合征
HTML	Hypertext Mark-up Language 超文本标记语言
IBM	国际商用机器公司,一家美国公司
ICSU	International Council of Science 国际科学理事会
informaticians	信息学人,从事信息学工作的人
IP	Intellectual Property 知识产权
IPNI	International Plant Name Index 国际植物名称索引
IPRs	Intellectual Property Rights 知识产权
Ipsos MORI	英国一家研究类公司
ISIC	International Space Innovation Centre 国际空间创新中心
ISP address	Internet Service Provider address 互联网服务供应商地址
IVOA	International Virtual Observatory Alliance 国际虚拟天文台联合会
JISC	Joint Information Systems Committee 英国联合信息系统委员会

（续表）

术语	定　　义
LCM	UK Land Cover Map 英国土地覆盖图
LIGO	Laser Interferometer Gravitational-wave Observatory 激光干涉仪引力波天文台
LSE	London School of Economics 伦敦政治经济学院
MATLAB	针对算法开发的高级技术的计算语言和交互环境
Megabyte	兆字节的信息
Meta-analysis	Analysing metadata 元分析软件
MetOffice	Meteorological Office 英国气象局
MHRA	Medicines and Healthcare products Regulatory Agency 英国药品和保健产品监管署
MIT	Massachusetts Institute of Technology 美国麻省理工学院
MRC	Medical Research Council 英国医学研究理事会
NASA	National Aeronautics and Space Administration 美国航空航天局
NCEO	National Centre for Earth Observation 英国国家对地观测中心
NCSU	North Carolina State University 北卡罗来纳州立大学
NERC	Natural Environment Research Council 英国自然环境研究理事会
NGO	Non-Governmental Organisation 非政府组织
NHS	National Health Service 英国国民健康保险制度

(续表)

术语	定　义
NIH	National Institutes of Health 美国国立卫生研究院
NSABB	National Science Advisory Board for Biosecurity 美国国家生物安全科学顾问委员会
NSF	US National Science Foundation 美国国家科学基金会
OECD	Organisation for Economic Co-operation and Development 经济合作与发展组织
OGC	Open Geospatial Consortium 开放地理信息联盟
Ondex	该网站在来自不同生物集的数据间建立链接,并通过图表分析技术对其进行集成和可视化。
Open Access journal	开放获取期刊,可以免费并不受限制获取的期刊
Open Source	免费提供源代码的计算机软件或相关文件
OPERA	Oscillation Project with Emulsion-Racking Apparatus 大型中微子振荡装置实验
ORA	Oxford University Research Archive 牛津大学研究资料库
ORCID	Open Researcher and contributor Identification 开放的科研人员和投稿者身份标识系统
Patent	专利,对产品,工艺或设备等发明进行保护的法律合同。授予专利权的发明必须具备新颖性、工业实用性及创造性。
PDF	Portable Document Format 可移植文档格式
Per se	本身;本质
Petabyte	1 000 terabytes or 10^{15} bytes of information 拍字节 1 000 个太字节或 10^{15} 字节的信息
PIPA	Protect Intellectual Property Act 美国知识产权保护法案

（续表）

术语	定　　义
Piwik	开源网站分析软件
PLoS	Public Library of Science 公共科学图书馆
Public interest science	由于需求或潜在的影响而终将被公众所关注的科学学科或领域。
PURL	Persistent Uniform Resource Locator 持久性统一资源定位器
RCUK	Research Councils UK 英国研究理事会
RDFs	Resource Description Frameworks 资源描述框架
REF	Research Excellence Framework 研究卓越性评估框架
Pre-print archive	通常读者在论文发表前 6 个月即可在该期刊资料库提前获取论文。
RSS	Really Simple Syndication 简易信息聚合
Safe haven	该安全网站汇集了一些包含个人敏感信息的数据库并确保只有经授权的研究人员才能获取相关数据。
SGC	Structural Genomics Consortium 结构基因组学联盟
Shibboleth system	使用该系统时资源提供者不必再保存用户名和密码。同时研究机构借助该系统可在限制获取信息的同时确保获许可用户的远程访问。
SLS	Scottish Longitudinal Study 苏格兰纵向研究
SMBL	Systems Biology Mark-up Language 系统生物学标记语言
SOPA	Stop Online Piracy Act 禁止网络盗版法案

(续表)

术语	定　义
StackOverFlow	面向程序员提供与语言无关的协作式提问与解答的站点。
STFC	United Kingdom Science and Technology Facilities Council 英国科学与技术设施委员会
SVSeo	Science Visualisation Service for Earth Observation 对地观测的科学可视化服务
Text-mining	文本挖掘,使用软件搜索文本数据库
Terabyte	太字节,10^{12}字节信息
UCL	University College London 英国伦敦大学学院
UKDA	United Kingdom Data Archive 英国数据档案库
UKOLN	United Kingdom Office for Library and Information Networking 英国图书馆与信息网络办公室
UNFCCC	United Nations Framework Convention on Climate Change 联合国气候变化框架公约
URI	Uniform Resource Identifier 统一资源标识符
USNAS	United States National Academy of Science 美国国家科学院
USNRC	United States National Research Council 美国国家研究理事会
UTC	University Technology Centre 大学技术中心
UUID	Universally Unique Identifier 通用唯一标识符
VO	Virtual Observatory 虚拟天文台

（续表）

术语	定　　义
WHO	World Health Organisation 世界卫生组织
WMS	Web Map Service 互联网地图服务
wwPDB	worldwide Protein Data Bank 全球蛋白质数据库
XML	Extensible Markup Language 可扩展标记语言

附录一

各类数据库

模块 2.3　所引案例分析

学科领域内开放—主要的国际生物信息学数据库

欧洲生物信息学研究所在生命科学的一些领域已率先过渡至大数据量研究，其所处理的大量信息在 60 年前仍处未知范畴。欧洲的科学家们将研究所得的生物分子数据保存在该研究所的一个数据资源库里。这些数据被收集、综合处理、存档，并与国际合作伙伴交换进而形成全球共享的资源。在此基础上这些数据通过互联网免费开放。尽管数据存储的成本在下降，然而由于数据量巨大，仅数据存储一项每年就要耗费研究所近 600 万英镑。研究所的所有数据资源都呈指数增长，尤其是其中核苷酸序列数据增长最快，每九个月就会翻一番。

从事生物医学研究的维康信托基金会桑格研究所代表英国向人类基因组计划提供支持，其拥有与欧洲生物信息学研究所等同的存储能力和同样的指数增长速度，以满足序列信息在存入研究所之前的原始数据的分析和处理工作。在其他大多数的学科领域,数据的抽取和存储也采用类似的方式。

上述英国数据库是国际生物医学数据资源网络的组成部分。例如,由欧洲核苷酸资料库(模块 2.3)、美国情报银行资料库以及日本 DNA 数据库[①]组成的国际核苷酸序列数据库合作网,负责收集和分发所有公开可用的 DNA 序列。过去五年里,一个跨欧洲机构规划了新的生物科学数据基础设施——ELIXIR。ELIXIR 将针对生物信息开发一套可持续、分布式且相互协调的基础设施。英国政府近期投入 7 500 万英镑在欧洲生物信息学研究所建立 ELIXIR 中心。欧洲其他五国也已投资建设国家级中心。

网络化粒子物理海量数据的处理

这一实验在保持其自身数据库的同时示范原始数据如何逐步浓缩成为生成数据,从而转换为方便使用的形式。实验中每一个高能事例生成 25 兆数据,每个束交叉共有 23 个高能事例,每秒产生 4 000 万个束交叉。因此每秒钟原始数据共生成 23 千兆字节,几乎与欧洲生物信息学研究所 2008 年全年存入的数据量相当。这些数据捕获最具关联性的高能事例,确保数据只与 9.2 亿高能事例中的几百个保持联系。这些数据一旦压缩每秒需要 100 兆磁盘空间——每年几千兆字节。研究人员在寻找导致每个高能事例的粒子类型时使用了网格计算。这个实验显示了将原始数据转化为信息和知识的过程中通常采用的非常专业化的操作程序。

欧洲核子研究组织网格交换数据由参与该项目的科学家团队所

---

① 详情请见:EMBL-EBI (2012). *EMBL Nucleotide Sequence Database*. 参见:http://www.ebi.ac.uk/embl/

有。另有 3 000 名研究人员在从事欧洲核子研究组织项目——紧凑型缪子螺线管探测器的工作。研究人员在世界各地开发各自的软件和模型。大量独立团队参与了该项目,从而确保每个团队得出的结果都会得到其他团队专家的评判。双方合作开放数据,其新近的一个设想是通过虚拟机器公布两年以前的所有数据。借助这一虚拟简化的识别系统,使用者不需要具备处理全部数据集的大型基础设施也可以模拟对撞。虚拟天文台也具有类似功能,通过几部共享望远镜为世界范围内的研究人员提供服务。粒子物理学领域的数据还被再次处理和分析。科学家希望从中获得深入理解并纠正此前可能存在的错误。经过两年时间,数据得以稳定但并未最终确立。这时数据的状态比初步获得时的状态更利于研究。经处理的旧数据因已被替代通常不再保留。

基于政策考虑的数据管理

流行病学及数据不均问题

这种大规模合作也存在严重的问题。流行病学家需要借助通常由世界卫生组织综合处理的各国政府或机构收集的卫生数据来研究传染病。然而不同信息采集的时间间隔不规律,在一些发展中或不稳定地区数据采集不完整,这些常常会造成数据分布不均。研究人员仍需通过一些特殊关系从私有公司或特定的国家统计机构获取数据集。①疫苗模型计划(The Vaccine Modelling Initiative)已尝试建立流行病学资料库用于疫苗研究,同时将历史疫苗数据集进行数字化。

---

① Samet J M (2009) *Data: To Share or Not to Share?* Epidemiology, 20,172-174.

纳米技术领域标准提升以及相关法规

纳米技术涉及对现象的理解和对原子、分子及大分子水平材料的研究(其特性完全不同于大尺寸材料的研究),是一个宽泛的跨学科领域。

国际上,尤其在欧洲,对于将纳米材料用于日常产品的疑虑很深。因此共享纳米材料数据有两方面的动因。一是提高跨学科研究的效率,二是对包含纳米材料的特许产品进行有效监管。数据共享也促使研究人员对纳米材料的描述方式进行改进和标准化。[①]

图 2.2 所引案例

埃文纵向亲子研究 (ALSPAC)

这一研究的主要目的是调查遗传和环境因素对健康和发育的影响。研究人员自 1991 年起以生物样本、问卷、医疗记录信息及一些基因组学分析的形式在 55 个时间点采集了大量母亲及孩子的数据。通过英国医学研究理事会(MRC)开发的理事会研究网关[②],研究人员可以检索近 4 万个变量、55 个时间点及 94 项数据采集活动的信息。经认可参与相关合作的研究人员还可进一步查阅研究变量"的更深层次的元数据"并以此满足数据共享的要求。使用数据的研究人员需要与名为数据密友(data buddy)的人联络,该人员负责核查与数据相关的研究对象的身份被暴露的可能性并据此发放数据。如果研究对象身

---

① 例如,International Council for Science (2012) ICSU-CODATA. *workshop on the description of nanomatrials*. 参见:http://www. codata. org/Nanomaterials/Index-agenda-Nanomaterial. html

② Medical Research Council (2011) *MRC Data Support Service*. 参见:www. datagateway. mrc. ac. uk

份暴露的可能性较大，就要经过两个步骤来发放数据：首先将有可能被识别但不匹配的数据提供给合作方，然后再由研究小组将这些数据与数据集匹配起来。不易暴露研究对象身份的数据则较容易获取，程序要求也不那么严格。

基因类型的数据必须通过数据转移协议获取。英国研究理事会研究网关在保护研究对象的匿名权的前提下，努力探索数据共享的界限以加强数据共享。

英国国家海洋学中心的全球海洋模型

位于南安普敦的英国国家海洋学中心[①]拥有高分辨率的全球海洋模型，主要用于研究海洋环流物理以及几十年时间尺度内环流变化所带来的生物地球化学后果。有关海洋性能、海冰覆盖、洋流和生物示踪剂的数据被记录下来，同时，典型的 50 年的运动周期产生 10～50 TB的数据。研究人员使用内部专门开发的软件按照数据生成的时间序列，对其进行周期性分析。内部提供的数据包针对特别需求而设计，该标准数据包也可用于数据的可视化处理。这些数据可在本地及数据中心存储长达 10 年，或直至被取代，并免费提供给学术界。

英国生态与水文中心的英国土地覆盖图

英国土地覆盖图（LCM2007）将卫星图像与国家制图相结合，已在英国生物多样性行动计划中的广泛栖息地分类志中对约 1 000 万幅地块进行了分类。覆盖图提供了由卫星数据生成的 23 类栖息地的持续矢量覆盖，这在英国土地覆盖图的历史上尚属首次。研究人员专门

---

① National Oceanography Centre, University of Southampton (2010). 参见：http://www.noc.soton.ac.uk/

为此开发了新型技术和自动化生产工具，以便对项目所涉及的两个太字节的数据进行处理和分类。自然环境研究理事会的生态和水文中心负责综合处理以上数据，以确保其可在未来的研究工作中再次得到利用。生态和水文中心的信息网关负责提供有关的元数据、技术说明、可视化服务以及下载汇总数据集。[①]该数据集包括了英国 23 类栖息地的系列图集，其分辨率从 1 公里缩略图到 25 米分辨率图，数据格式多样。

国际空间创新中心的科学可视化服务

英国环境数据档案中心（CEDA）开发的对地观测科学可视化服务（SVSeo）[②]是国际空间创新中心的规划组成部分。用户借助这一网络应用程序，可以实现对地观测数据和气候模型模拟的可视化和重复使用。用户可以直观地探索庞大而复杂的观测和模型环境数据集，在地图视图上察看、单步调试以及放大到格点数据集，在国际空间创新中心电视墙、谷歌地图或其他类似软件中覆盖不同的参数，将图像进行数字化导出并创建、观看和操作动画等。该服务吸纳了英国国家对地观测中心保存在环境数据档案，中心档案中的数据集，同时提供有关云、浮游生物、海—气气体交换和火灾等的卫星反演产品以及模型输出。随着档案中心不断接收新生成的数据集进行长久保存，对地观测可视化服务还将继续更新。该服务还能够接收经由网络地图服务（WMS）界面发布的远程数据。

英国环境数据档案中心数据的可视化是通过其开放地理信息联

---

① Centre for Ecology and Hydrology (2011). Information Gateway. 参见：www.gateway.ceh.ac.uk

② International Space Innovation Cengtre (2011). 参见：http://isicvis.badc.rl.ac.uk/viewdata/

盟(OGC)的网络服务框架(COWS)①实现的。(英国科学与技术设施理事会数字科学组和雷丁大学合作开发的交互式可视化软件也可以用于国际空间创新中心的设施,在虚拟地球仪或大型电视墙上显示的多个同步虚拟地球仪上创建动画。)

激光干涉仪引力波天文台计划

激光干涉仪引力波天文台计划(LIGO)②是一个国际开放合作计划,全球约 50 家机构的 800 名科研人员参与其中。该项目主要检测引力波以及天体物理学事件,如超新星、中子星或黑洞等引发的时空结构上的微小波动。1916 年阿尔伯特·爱因斯坦首先在其广义相对论中预测了以上现象,但目前科学家还没有直接观测到这些现象。英国通过其与德国的合作项目 GEO600③ 参与该计划。GEO600 项目在德国汉诺威附近设有一个 600 米激光干涉基础设施。

目前该计划生成的数据量为一个拍字节(PB),预计到 2015 年数据量的增长可达每年一个拍字节。这些数据存储在天文台计划的网站,其中的部分或全部也可在一些欧洲的网站获取。尽管这一计划的核心数据集相对简单,但也包括一些重要却复杂的辅助渠道,如地震活动和环境因素等。此外,还包括几个层次的高度还原数据产品,主要是适用于具体的定制软件。这些数据的综合处理要求较高。目前对于数据管理和处理软件的设计已考虑到进展中的研究项目。包括数据发布算法在内的长期数据保存方案也在规划当中。收集的数据仍归该计划合作方所有,仅在发现诸如引力波或是一定量的时空等重

---

① CEDA OGC Web Services Pramework (2011). 参见:http://proj.badc.rl.ac.uk/cows

② Laser Interferometer Gravttational-Wave Observatory (2012). 参见:http://www.ligo.caltech.edu

③ GEO600 The German-British Gravitational Wave Detector (2012). 参见:http://www.geo600.org

要天文现象时才会启动发布这些数据的程序。

天文学与虚拟天文台

天文学领域的科学家早已认识到科学进一步开放的重要意义。全球天文学家们共同发起了虚拟天文台计划(VO),以便科学家们有机会对天文学数据档案进行发现、获取、分析和整合,并利用新的软件工具。国际虚拟天文台联合会(IVOA)协调各个国家的虚拟天文台机构,同时确立技术和天文学标准。标准的建立是来自世界各国的数据集和分析工具协同工作的前提,因而十分重要。通过可变图像传输系统(FITS)标准,以及新近开发的基于 XML 的国际虚拟天文台联合会格式(IVOTable),元数据也正逐步实现标准化。国际虚拟天文台联合会标准要求将数据集注册,汇总成一份类似黄页的、基于网络的天文数据库。这一做法的重要性还体现在对数据集的存档和定位可以为未来发现和获取数据带来便利。国际虚拟天文台联合会自身就整理维护了一个注册的“黄页”。欧洲的主要虚拟天文台已联合成立了欧洲虚拟天文台计划。该计划负责在欧洲范围内确保虚拟天文台的运行,主要方式是支持科学家利用虚拟天文台的工具和服务,确保其技术与国际发展同步并符合国际标准,同时支持专门的基础设施建设。在天文学界将数据存储保留在数据中心已是通行做法,主要原因是使用大型科研设施必须符合这一前提条件。为确保从事该项研究的科学家能够优先对其研究数据进行分析,可能会在一年时间内限制其他研究人员获取相关数据。当这一期限结束后,数据会公开发表。

附录二

数据开放的有关技术问题

动态数据

数据库往往是动态而不是静态的。表面看来，科学数据不应当发生变化。然而实践中由于获取方式和数据处理手段的改进，大量的科学数据会迅速发生衍变。许多数据库会持续更新数据，本书所引用的几个数据库都属于这种情况。而且高达 10% 的现有数据每年都会更新。①

在如图 2.3 所示的相互关联的数据库网络中，每当有新的数据补充进来，系统中的多个数据库就会发生衍变。数据的动态特征会给这类的数据库网络带来问题。这种情况下，如果系统中的元数据不能及

① Buneman P, Khanna S, Tajima K and Tan W-C (2002). *Archivohg Scientific Data*. Proceeding of the 2002 ACM SIGMOD International Confereuce on Management of Data 29,1,2 - 42. 参见：http://repository.upenn.edu/cis_papers/116/

时得到更新,那么数据很快就会过时。以《世界概况》[①]为例,这是应用最广泛的人口信息来源。虽然其信息经常更新,但主办机构并不披露有关信息更新的历史。

索引和搜索数据

谷歌和维基百科已成为广大研究人员的重要研究工具。科学家在个人或其供职机构网站发表研究成果并通过搜索工具传播给其他对此感兴趣的科学家。这一现象越来越普遍。[②]期刊发表论文无非是给研究成果一个官方的水平认可。作者资格可使用在线参考书目来查询,[③]并不需要借助由传统学术认证发展而来的数字目标识别器和专门档案。未来的数据管埋也可能采用类似的系统。大量的数据往往需要包括整编、保存和传播在内的特殊机制。目前一些主要的数据库也表现出这一特性。然而必须认识到这些正式的系统只是未来多个管理机制中的一个部分,并非信息检索的全部内容。随着元数据搜索系统的不断改进,我们今天使用的自由文本索引搜索引擎在未来也将可以用于数据的索引。有些数据源通过通用互联网搜索已经能够十分方便获取。例如在谷歌上搜索"代谢型谷氨酸受体",结果将列出某个相关主题下最具权威的收藏数据库。[④] 其内容包括描述文字、大量表格数据和外部资源的链接。每个部分都有权威的贡献者姓名并且说明如何引用。

---

① CIA (2012) *The World Facebook*. 参见: https://www. cia. gov/library/publications/the-world-factbook/

② the Wayback machine or Internet Archive (2012). 参见:http://archive. org

③ 计算机科学家大量使用 DBLP (2012). *The DBLP Computer Science Biblography*. 参见:http://www. informatik. uni-trier. de/~ley/db/,其从期刊及会议论文集中提取论文。

④ IUPHAR Database (2012). *Committee on Receptor Nomenclatare and Drug classification*. 参见:http://www. iuphar-db. org/

服务及管理数据周期

首先需要对数据进行评估,内容包括:数据是否要保留、保存多长时间、[①]需做何种处理,目标读者群是研究小组、国际数据库用户还是非专业人员,[②]是否要从知识产权角度进行保护以及综合处理成本是否与其价值相当。如他人需要进行实验复制,则应明确规定初始数据采集、复制和存储的程序。对于模拟输出,有必要规范确切的计算环境。其中复制任务可通过可下载虚拟机来实现(例如虚拟天文台——见附录一的案例)。例如,英国国家气象局保留了所有测量天气数据,但却只保存了一个模拟生成的数据子集。有些领域,如基因组学,基因测序的成本下降速度比存储数据的成本下降速度要快,这表明样本重新排序的成本很快会低于数据存储的费用(见图 A)。

蓝色方块表示以每兆字节一个美元为单位计算的磁盘价格历史成本。从长期趋势看(蓝色线,这是一条直线,因为这里是以对数计算的)每个美元实现的存储呈指数增长,大约一年半的时间增加一倍。DNA 测序成本以每个美元完成的碱基对为单位(bp/ $),如红色三角形所示。这一成本呈指数曲线(黄线),在 2004 年前其呈倍增的时间稍慢于磁盘存储。新一代测序技术(NGS)导致曲线呈拐点,翻倍时间

---

① Ellis J (1993). (ed.). *keeping Archives 2nd ed*. Autradian Society of Archivists: Melbourne. 详情参见:Digital Guration Centre (2010)。如何评价和筛选研究数据进行收藏,参见 http://www.dcc.ac.uk/resources/how-guides/appraiseselect-data. 筛选标准应考虑到随时间推移数据集的价值。有些数据具有当前价值,在未来预期还将继续拥有其价值。一些数据的价值将随时间推移而迅速降低,而另一些研究(如纵向研究)的价值则将呈上升趋势。有关这一点请参见 Borgman (2011). *The conundrum of sharing vesearch data*. Journal of the American Socipty for Information Science and Technology.

② 同时请参见英国研究理事会提交的证据中的观点:"开放,即数据的共享不应只被视为目的本身,而应从数据价值最大化和最终服务于公众利益去考虑。这一点十分重要,需要数据保管人和使用者理解数据的生命周期并在数据周期中通过共享为其增加价值,同时考虑到不当使用(如机密信息)所带来的风险。"

不到6个月(红线)。这些曲线未因通货膨胀或"满载"测序和磁盘存储成本(包括人员成本、折旧和开销等)而进行修正。

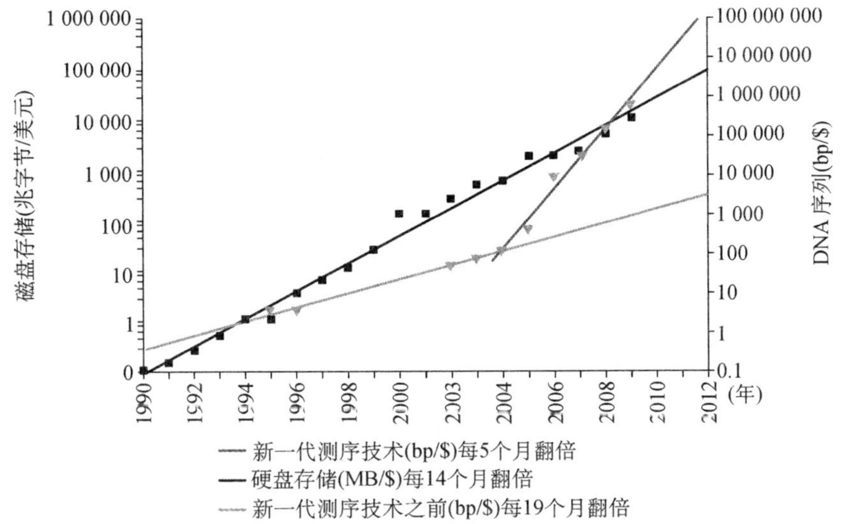

图A　基于新一代基因测序技术每美元可以产生的序列数据的增长,要大于每美元可以实现的数据存储的增长量①

当前迫切需要支持整个数据周期的新工具。这一周期包括了仪器或模拟的数据采集直至挑选、处理、综合处理、分析以及可视化的过程,其目的是为了实验室或野外科学家方便开展从大型、复杂数据集搜集数据的工作。附录一的案例显示了不同的项目在其运行过程中所需要的数据管理模式也各有不同。

商业化实验室信息系统已经存在,②但其往往针对特定任务且价格昂贵。研究理事会在支持研究人员建立通用数据工具方面发挥了

① Stein, Lincoln D (2010). *The case for cloud computing in genome Informatics*. Genome Biology, 11,207. 参见:http://genomebiology.com/2010/11/5/207

② Labvantage (2012). LIMS (Laboratory Information Management). 参见:http://www.labvantage.com 或者 Starlims (2012). 参见:http://www.starlims.com/

重要作用。在近十年的时间里英国通过数字科学[①]项目对该领域的工作给予专门资助,直至2009年这个项目中断。由于资助分散在各个不同机构,协调机制十分必要。与此相反,2012年3月,美国政府机构宣布投入2亿美元专门用于开发针对大量数字数据[②]的管理工具和技术。这也是美国信息化基础设施项目的组成部分。

当选定一项数据进行综合处理之后,就对其进行校准、清理和网格化,也可能进行建模和理顺。数据库中使用最频繁的数据并不是仪器得出的原始数据,而是经处理的数据,与计算机模拟等原生的数字数据正相反。

如果研究活动积极开展,百万级的数据会很快积累起来,而研究人员可能会需要提取某一特定属性的所有数据,例如包含特定种类动物区系的沉积物样品。这类的需求需要借助自动化工具来实现。当以其他方式添加数据、重新校准或修订数据时,需要记录这些变化的源起。同时也需要通过个人标识符来确保数据发起人得到应有的回报。这类工具对于确保数据的有效使用和降低成本都至关重要,而且与第一、第三和第四层级都具有很紧密的关联性。

数据并不总是静止的数字对象。例如,测量数据就是定期更新的。而在这些变化过程中需要给予保留的数据之间存在着多种关系。这些特征所导致的问题迫切需要解决方案和工具来应对。数据转移时需保存好注解,档案存储必须高效保留随时间推移的数据搜集历史。这一点对于纵向研究尤为重要。此外,还需记录出处。

---

① 有关目前数字科学框架下的项目详见 Research councils UK(2012)e-Science. 参见:http://www. rcuk. ac. uk/research/xrcprogrammes/prevprogs/Pages/e-Science. aspx

② White House Press Release (29 March 2012). 奥巴马政府披露"大数据"计划,宣布2亿美元新的研发投入。参见:http://www. whitehouse. gov/sites/default/files/microsites/ostp/big_data_press_release_final_2. pdf

出处

从数据来源追踪其出处[①][②]对于数据的评估和发起人归属十分重要。首先，需要以永久数据标识符的形式分配给每个数据一个独特且不可更改的数字身份。其次，要建立与相关数据源的链接，以便研究人员挖掘相关数据集。第三，在提供数据的同时也要提供元数据，以便研究人员理解链接方式以及评估的数据的质量和背景。链接的语义数据正是为了实现以上部分功能。但此外还需建立一个值得信赖的系统来保留对于获取、评估和再次利用数据十分重要的所有属性。

有些情况下可以借助数字对象标识符（DOI）来识别科学数据。这一工具目前已普遍应用于查阅期刊论文，并可作为可链接的永久网址显示。即便数据的位置和信息发生变化也不会使网址变化。目前在全世界范围内已分配出 4 000 万个数字对象标识符名称。设在大英图书馆的 DataCite 创建于 2009 年[③]，专门为数据集开发数字对象标识符。在研究人员身份识别方面也有类似的成熟系统，对其改装后即可用于识别数据集出品人。开放研究人员与作者身份识别系统[④]可清晰准确地建立数据作者的身份识别。在研究数据再次利用方面也已着手建立识别系统。数据存档计划（DDI）专门为方便科研团队间交换复杂数据和元数据而设计。其目的十分明确，即追踪数据在生命周

---

① Buneman P, Khanna S and Tan W-C (2000). 有关数据出处的一些基本问题。软件技术与理论计算机科学基金会。参见：http://db.cis.upenn.edu/DL/fsttcs.pdf

② Simmhan Y L, Plale B and Gannon D (2005). *A Survey of Data Provenance Techniques*. Technical Peport IUB - CS - TR618, Computer Science Department, Indian University: Bloomington 47405. 参见：ftp://ftp.cs.indiana.edu/pub/techreports/TR618.pdf

③ DataCite(2012). 参见：http://datacite.org

④ Open Documentation & Contributor ID (2012). 参见：http://about.orcid.org

期中重排和再分析的过程。①

信息学界已认识到出处认定正成为当前一个重要挑战,但对研究人员的全面需求仍理解甚少。超越静止识别系统或通过一个可预测的生命周期追踪数据等方面的工作就更加不足。研究数据需要量身定制的版本控制。其对变化的追踪,应与元数据描述相链接,并应随数据移动而移动。

引用

现代科学中引文发挥着重要作用。借助引文可以识别发表论文并追踪信息出处。引文在评价科学家个人贡献方面发挥着重要作用,同时也影响到其声誉和事业发展。目前通常使用的引文模式存在两个主要问题。首先,创新合作过程或开放资源的贡献未能得到认可。其次,虽然对于使用固定识别码来进行数据引文已成普遍共识,但对于如何将数据引文与论文引文相等同起来仍无清晰思路。现有的数据引文工具和标准仍有待提高。这一点在不断发展的数据库项目中表现尤为突出。

对软件程序员之间的协同工作的认可机制相比其他领域都要成熟。其基础是程序员所认同的开源实践。GitHub②为其成员合作编写软件提供了便利,同时保留了所有变化的出处。会员借助这一系统也可了解到有多少其他会员在关注其发表对象。最受关注的对象与其影响力密切相关。

标准与操作兼容性

数据的综合处理应当遵循格式标准。所谓格式标准即本报告所

---

① Data Documentation Initiative (2009). *Technical Specification, Part I: Overview, Version* 3.1.参见:http://www.ddialliance.org

② GitHub(2012).参见:https://github.com

提出的易于获取、易于评估、易于使用和易于追溯的原则。通用的结构既方便了使用者操作又可实现数据与其他数据集的整合。这也是开发一套针对链接数据网络的简单标准的最主要动因（见第二章）。人们也在试图创立科学数据综合处理的全球标准。国际科学理事会有意开发一套世界数据系统（World Data System）①，为国际科学界提供经质量评估的数据以及数据服务并为此建立长期的规范。世界银行的微数据图书馆（见模块 A）显示了这类全球标准的传播速度。

在建立普遍标准的同时不应忽视各学科领域的特定需求。芯片领域创立了微列阵实验基本信息（MIAME）标准；晶体学界学者创建了晶体信息文件（CIF）标准；而统计数据和元数据交换计划旨在促进通常由政府主导的统计数据的共享。这些统计活动的目的主要是监测社会、经济、人口和环境条件。每个领域内的数据标准在促成该领域数据共享的同时也共享了体现研究目标的描述性元数据。

与链接数据网络所面临的同样问题是，每个领域内的独特术语加大了创建跨学科科学数据标准的难度。②相同的术语可能描述的是完全不同的数据属性，而不同的术语又可能指的是同一特性。未来对数据集的整合要求在目前系统的基础上有一个跨越，从而实现这种操作上的兼容性。

模块 A　世界银行的微数据管理工具③

世界银行的微数据图书馆④收纳了超过 700 个国家级的调

① ICSU World Data System(2012). 参见：http://www.icsu-wds.org.

② Freitas A, Curry E, Gabriel Oliveira J, O'Riain S. *Querying Heterogeneous Datasets on the Linked Data Web: Challenges, Appreaches, and Trends*. Internet Computing, IEEE, 16,1,24 - 33.

③ International Household Survey Network (2011). *Microdata Management Toolkit*. 参见：http://ihsn.org/home/index.php? q = tools/toolkit

④ The World Bank (2012). *Microdata library*. 参见：http://microdata.worldbank.org

查数据集,因此任何人在任何地点都可查阅1997年摩尔多瓦生殖健康调查或2009年孟加拉国的公民法律制度体验调查的相关数据。但是微数据图书馆所做的并不只是汇总调查结果。它同时也实施有关元数据和数据格式的标准(DDI),面向60个发展中国家资助标准的执行。因此不仅仅是世界银行及其数据用户从该项目受益,全球的国家级调查都得以从设计到结果保存等方面提升了标准。调查结果也更加便于查找、比较和再利用。

世界银行数据集团(the World Bank Data Group)还开发了相关自动化工具,用于调查数据的标准化工作。数据集团与国际家庭调查网络(International Household Survey Network)[①]合作开发了"微数据管理工具箱"。这是一个开源应用程序,可以代表用户对数据进行检查与格式化。用户也可使用这一工具以各种常见格式输出数据,从而在不同条件下再次利用数据。

数据的可持续性

纸质档案虽历经几百年仍具可读性而且经常得以发掘利用。而数字档案仅10年或15年之后就可能不再具有可读性。BBC于1986年发行《末日审判书》激光影碟,试图像900年前完成的原书一样将当时国家的全貌永久保存下来。然而,阅读该影碟的硬件很快就变得难得一见,以至于人们十分担忧最终将无法读取这些内容。[②]互联网档案

---

① International Household Survey Network (2011). 参见: http://ihsn.org/home/index.php? q=tools/toolkit

② 该内容目前已成功转录为可长久保存并可再利用的形式,收录在BBC(2012)。Doomsday reloaded. 参见:www.bbc.co.uk/histoy/domesday

馆(Internet Archive)的时光机保存了以往的网站。然而,对数字对象的保管需要的不仅仅是这种自动保存。更加积极有效的综合处理成本更高,但十分重要。它包括数据的清理、备份、随着格式及技术的变化对数据进行升级、为确保使用而进行的再处理、开发和维护清晰便利的数据导引,以及与之关联的元数据。

通过国际条约提供经费的大部分数据库及研究理事会资助的数据库经费是有保障的。可是第三和第四层级的知识库并不具备这样的经费支持。并且当这些知识库的价值越来越大且需要跨越不同的层级时,责任的归属并不明确。

另外也存在能源使用的问题。各类数据中心目前的耗电量占全球总发电量的1%。① 如果模块2.3显示的每九个月内容翻倍的速度十分普遍的话,假设耗电量与数据生成成正比,在未来十年的时间里,各类数据中心所需电量就会超过今天全球的发电量。对于这一问题的认识促使人们寻找更加节能的数据运行系统。② 谷歌声称得益于高度优化的服务器,其2010年的耗电量仅为全球数据中心耗电量的1%。③

类似多拷贝保护文件项目这样更有前途的计划已不再局限于仅仅为了存储而复制数据。数据分布以及在云计算模式下的获取将成为新的关注点,仅限于本地存储和分析的复制将被取代。云服务目前只占信息技术支出的不到2%。但是据估计,到2015年接近20%的

---

① Koomey J (2010). *Analytics Press*. *Growth in data Canter electricity use 2005 to 2010*. 参见:http://www.koomey.com/post/8323374335

② Xu Z, Tu Y-C. and Wang X. (2009). Exploring Power-Performance Tradeoffs in Database Systems. 参见:http://web.eecs.utk.edu/～xwang/papers/icde10.pdf

③ Google Data Centers (2012). *Data Center Efficiency*. 参见:http://www.google.com/about/datacenters/inside/efficiency/servers.html

在线信息将被云计算服务商所掌控。[①]随着数据转移到云知识库,数据使用指引将取代复制成为规范。数字复制规定的放宽解决了数据丢失的问题,但从长远保存的角度看,多重复制并不具有可持续性。

普遍的复制不会成为可持续数据存储的趋势,也不是未来大规模数据分析和建模的必要方式。目前已有算法可同时在多个服务器上操作数据。Hadoop MapReduce 软件系统所创建的新方法可同时迅速处理位于大型集群服务器上的大量数据。[②] MapReduce 算法可在存储数据的服务器上运行。其原理不是通过网络复制数据来执行分析任务,而是将程序输出到机器上并对结果进行合并。

① IDC(2011)。*Digital Universe Study*: *Extracting Value from chaos*. 参见:http://www.emc.com/collateral/analyst-reports/idc-extracting-value-from-chaos-ar.pdf.

② Hadoop(2012) *Hadoop MapReduce*. 参见:http://hadoop.apache.org/mapreduce

附录三

数字知识库成本案例

第四章区分了四个层级的数字知识库。第一层级包括主要的国家级数据库项目，这类知识库往往具有清晰界定的数据协议，规定数据入选的标准、新数据的引入以及开放程序。第二层级包括由英国研究理事会等国家级机构或类似维康基金等主要研究资助机构管理的数据中心或相关资源。第三层级主要指单个大学、研究所或者这些机构联合开展的数据管理项目。第四层级是研究人员个人或团体对其自身研究数据的校勘与存储。通常这类数据通过网络提供给合作方或是向公众开放。

本附录提供的第一、第二及第三层级典型案例通过标准化的调查工具获取，主要显示这些知识库的成本情况及功能。以下数据的采集时间是 2012 年 1～2 月间，目前仍为准确数据。大学知识库的数字特别显示出该领域进展的迅速。我们也掌握到一些额外的资料库数据，但由于篇幅有限未能在这里有所体现。[①]

---

① 在此对一层级地理地球系统资料库 PANGAEA，以及圣安德鲁斯大学、爱丁堡大学和朴次茅斯大学的三层级资料库的信息反馈表示感谢。

国际及大型国家级知识库(第一及第二层级)

1. 全球蛋白质数据库 (wwPDB)

全球蛋白质数据库建立于 1971 年,由全球蛋白质数据库组织负责管理(wwpdb.org),是目前世界唯一一个包括蛋白质和核酸在内的大生物分子三维结构信息库。截至 2012 年 1 月,该数据库保存结构数据 78 477 份,较 2011 年增加 8 120 份,平均每个月增加 677 份。2011 年,每月的下载量为 3 160 万。数据库所需全部存储空间为 135 千兆(GB)。

该项目每年支出约为 1 100～1 200 万美元(包括开销在内的总成本),分别用于 4 个成员网站。项目雇用全职工作人员 69 名。据全球蛋白质数据库估算,其中 600～700 万美元的开支用于数据的存储和综合处理。

全球蛋白质数据库——服务内容	
提供、维护及开发平台?	是
多种格式或版本(例如 PDF、html、postscript、latex 多个修订版本的数据集)?	是
"前端"访问网站页面?	是
注册与信息获取管理?	否
输入质量控制:与格式标准统一,适当的技术标准?	是
输入数量控制:确保社区覆盖面?	是
引入元数据和参考,说明作者、出处、实验或模拟背景?	是
提供登录号?	是
提醒会员新增内容?	是

（续表）

为数据引用及原作者归属提供途径？	是
支持或链接至相关分析工具（例如可视化、统计等）？	是
度量与记录方面的影响：下载、数据引用？	是

2. 英国数据档案 (the UK Data Archive)

英国数据档案建立于 1967 年，是英国综合处理量最大的社会科学数字数据库。该知识库包括几千个有关历史与当代社会的数据集。英国数据档案向英国国家经济和社会研究委员会和英国联合信息系统委员会提供服务：包括经济与社会数据服务、安全数据服务、人口调查注册服务、普查门户等。该知识库同时拥有历史数据服务（资金未落实）并开展与数字生命周期相关的多种研发项目。英国数据档案主要由经济与社会研究理事会、埃塞克斯大学及英国联合信息系统委员会提供资金，由埃塞克斯大学负责管理。

英国数据档案的主要知识库拥有多个版本的近 126 万份文件（即数字对象），其他知识库的收藏接近 1 份（初始版本）。英国数据档案倾向于在核心数据收藏的基础上开展工作，目前的核心数据有 6 400 份。其中，2011 年直接下载量为 53 432 次（大约每个月下载量为4 500 次）。这还不包括近 100 万免费下载的材料、在线内斯塔（Nesstar）制表，以及英国数据档案网站（例如，www. histpop. org）提供的浏览图像。

每个月上传到知识库的新文件或修改文件近 2 600 份，其中包括文件包，因此单个文件的数量更大。主知识库的底线大小为 1 太字节。若考虑多版本及系统外文件，所需容量则为 10 太字节。

英国数据档案共有约 64～65 名工作人员（2012 年 1 月 26 日数据）。实体存储系统及相关安全基础设施由 2～3 名全职人员负责。

根据 2010～2011 年度的统计数据,其总经费为 343 万英镑,包括一些附加的基础设施费用,如照明、供暖、地产等。整个机构的人员经费为 243 万英镑。全部非雇员费用为 36 万英镑,但这个数字在有些年份会浮动 100%以上。非雇员支出在 2009～2010 年度约为 58 万英镑,但 2011～2012 年度则高达 300 万英镑。这种情况主要是由于当年有额外投资。

英国数据档案——服务内容	
提供、维护及开发平台?	是
多种格式或版本(例如 PDF、html、postscript、latex 多个修订版本的数据集)?	是
“前端”访问网站页面?	是
注册与信息获取管理?	是
输入质量控制:与格式标准统一,适当的技术标准?	是
输入数量控制:确保社区覆盖面?	是
引入元数据和参考,说明作者、出处、实验或模拟背景?	是,包括创建元数据
提供登录号?	是
提醒会员新增内容?	可选
为数据引用及原作者归属提供途径?	是
支持或链接至相关分析工具(例如可视化、统计等)?	部分数据
度量与记录方面的影响:下载、数据引用?	部分数据

其他:英国数据档案也提供一系列其他的服务,包括内容创建、托管、许可、筛选,数据综合处理、保存、许可谈判、创建记录、发现资源、内容开发、获取(质量保证/验证)、获取管理(与数据所有人联络)、咨询、创建并维护专业服务、建立建议和指南(例如针对数据管理的相关指导)、有关标准及解决方案的专业服务、培训、词库/限制词汇开发、平行扫描、趋势分析、总服务台支持、在线帮助(常见问题、问题手册)、专家服务台支持、活动组织与管理、资金参与、市场调研、晋级与人力资源、影响力提升、供应商参与、计划与项目管理。

3. arXiv.org

arXiv.org 在数字档案及研究论文开放分发方面的成功实践堪称先驱，并得到国际上的广泛认可。这一电子出版知识库改变了多个物理学领域的学术交流体系，并在整合全球物理学、数学、计算机科学及相关领域资源方面发挥越来越突出的作用。该知识库已经与相关专业领域的研究工作紧密结合，从而改变了研究信息共享的方式，使科学更加民主，也使科学发现得以更快地传播。arXiv.org 创立于 1991 年，由康乃尔大学图书馆等机构出资，并由该图书馆负责日常管理。

截至 2012 年 1 月，arXiv.org 存有 75 万篇论文，每月新增论文近 7 300 篇，目前数据容量为 263 千兆(GB)。负责知识库管理的工作人员 6 名。2012 年运营经费(包括非直接成本)将近 81 万美元，其中 67 万美元用于人员开支，存储与计算基础设施费用约 4.5 万美元①。

arXiv.org——服务内容	
提供、维护及开发平台?	是
多种格式或版本(例如 PDF、html、postscript、latex 多个修订版本的数据集)?	是
“前端”——访问网站页面?	是
注册与信息获取管理?	允许用户注册，但所有论文均开放获取
输入质量控制：与格式标准统一，适当的技术标准?	是，有关政策详见 http://arxiv.org/help
输入数量控制：确保社区覆盖面?	参见 http://arxiv.org/help/moderation

① 参见：http://arxiv.org/help/support/2012_budget 以及 https://confluence.cornell.edu/display/culpublic/arXiv+Sustainability+Initiative. 在可持续发展网站的“会员计划”文件中还有一个 5 年的预算项目。

（续表）

引入元数据和参考，说明作者、出处、实验或模拟背景？	我们依赖数据提交时所提供的元数据。目前正考虑采用 ORCID 或其他类似计划实现作者名字的消歧
提供登录号？	是
提醒会员新增内容？	是
为数据引用及原作者归属提供途径？	是（arXiv 记录可参见 http://arxiv.org/help/faq/references）
支持或链接至相关分析工具（例如可视化、统计等）？	我们有一些研发性质的工具，如 http://arxiv.culturomics.org
度量与记录方面的影响：下载、数据引用？	无
其他：提供配套文件支持，http://arxiv.org/help/ancillary_files	

4. 得律阿德数据库 (Dryad)

得律阿德数据库（datadryad.org）创立于 2008 年，主要存储基础及应用生物科学领域经同行评议的论文，通过与学术期刊的密切合作合成论文及数据提交。该数据库由学术共同体主导，并由科技学会、出版社及其他相关机构组成的联合体进行管理和维护。得律阿德数据库目前收录来自 100 种学术期刊的数据，涉及不同国家的各类出版社及机构。

截至 2012 年 1 月 24 日，得律阿德数据库共存有 1 280 个数据包和 3 095 份数据文档，分别来自 108 种学术期刊。2011 年 12 月共下载 7 518 次，新存入 79 个数据包，平均每个数据包约 2.3 份文档。目前知识库容量为 0.05 太字节。

得律阿德数据库共聘有 4～6 名全职工作人员，其中一半负责日常运营，另一半负责研发工作。该知识库年预算约 35 万美元，其中人员开支约 30 万美元，包括数据提交服务（如数据索引项目、多拷贝保护文件项目等）在内的基础设施成本约 5 千至 1 万美元。得律阿德数据库经费主要来自美国的美国国家科学基金会和国际机器学习学会，以及英国的联合信息系统委员会。其发展规划与商业模式确保存储新数据所收取的费用足以支付数据库运营成本(包括综合处理、存储及软件维护)。美国北卡罗来纳州立大学数字图书馆项目为得律阿德数据库提供主生产系统服务器的维护。根据北卡罗来纳州及美国国税局相关规定，得律阿德数据库目前属独立非盈利机构。

得律阿德数据库——服务内容	
提供、维护及开发平台?	应用功能主要通过设在北卡罗来纳州立大学及其镜像网站的中央控制网络平台来实现。得律阿德数据库负责提供、维护和开发这一服务。因为得律阿德数据库采用开源软件，在大的数字空间(Dspace)也可在地方机构层面有效利用。
多种格式或版本(例如 PDF、html、postscript、latex 多个修订版本的数据集)?	系统支持多种数据机，内容格式以及多版本。得律阿德数据库通常并不收录论文本身，而是收录与其关联的数据文档。
“前端”——访问网站页面?	是，参见 http://datadryad.org
注册与信息获取管理?	是，但是只有提交时要求，查阅或下载时不要求。根据期刊的政策可在接受和发表论文前限制公众数使用数据和元数据。
输入质量控制：与格式标准统一，适当的技术标准?	(1) 参考书目及主题元数据的质量控制，包括作者名字查验。 (2) 对于上载文件的认证，包据检查版权和敏感内容。 (3) 将文件转换为新格式或更利于保存的格式。 (4) 提供用户帮助服务。 不同领域的文档内容其格式化的情形也不尽相同。格式化受期刊政策的制约，得律阿德数据库对此没有要求。在数据标准相对成熟的领域，期刊通常会指定用户使用专门的知识库。得律阿德数据库的宗旨是提供一个可长期追踪数据的保存地，而目前这样的模式和知识库还没有建立起来。同时，得律阿德

（续表）

	数据库也在开发一些工具用于协调专门知识库的提交程序，以便确保每份数据文档都得到妥善管理。
输入数量控制：确保学科覆盖面？	得律阿德数据库是一个跨学科体系，覆盖多个学科领域；注解功能正在讨论当中。
引入元数据和参考，说明作者、出处、实验或模拟背景？	参考书目的元数据（题目、作者、数字对象标识等）的质量和完整性都由数据库掌握，包括搜索使用的主题关键词。出处及其他一些背景材料至少有部分由相关论文提供。作者在论文存入系统时可补充这些内容（例如，使用介绍文档）或者以元数据文档的形式提供这些信息（如 XML）。
提供登录号？	是，数据索引的对象标识
提醒会员新增内容？	是，通过 RSS 订阅
为数据引用及原作者归属提供途径？	是，得律阿德数据库常常作为数据引用政策的成功典范而被提起。http://datadryad.org/using#howCite
支持或链接至相关分析工具（例如可视化、统计等）？	否
度量与记录方面的影响：下载、数据引用？	查看和下载是以文档和数据包为单位记录的（例如，参见 http://datadryad.org/depositing#viewStats）。追踪数据引用是一个宽泛的目标，目前技术准备尚不充分。

其他：得律阿德数据库由多个利益相关的机构管理。对其成员来讲得律阿德数据库是一项服务功能，为会员提供数据政策研讨和探讨，推动数据存储最佳操作的论坛。

得律阿德数据库的开放获取采用商业模式运作，得律阿德数据库的保管费用预先支付，用户可免费使用。该知识库中几乎所有的内容通过知识共享授权都可进行再次利用，研究人员及提供增值服务的第三方（例如提供额外综合处理服务的专门数据知识库）均可在此基础上进一步开展工作。得律阿德数据库也为合作期刊合成手稿以及通过自动交换元数据邮件提交数据提供了便利，从而确保数据记录以参考文献信息进行预填充，减轻了作者提交时的负担；而包括数据对象标识符在内的完整提交内容也会及时通知到合作期刊。合作期刊可以选择是否允许作者就数据文档设置一年的禁用期，编辑也可指定禁用时间的长短。合作期刊可以与编辑和同行评议者约定匿名评议并在论文被采纳前就使其有机会了解到手稿中的数据。

机构知识库（第三层级）

英国大多数大学的知识库人员投入相当有限。根据 2011 年“知识库扶持项目”对 75 所大学的调查统计，英国大学从事知识库管理的全职工作人员平均为 1.36 人，而且往往身兼管理、行政和技术等职能。参加调查的大学中有 40%接收研究数据，大部分学校（86%）由图书馆负责知识库的管理[①]。

5. 南安普敦电子印刷知识库 (ePrints Soton)

南安普敦电子印刷知识库创立于 2003 年，隶属英国南安普敦大学。该知识库存储期刊论文、书籍、篇章、报告、工作文件、高等论文以及一些艺术和设计作品。知识库计划进一步扩大其数据集。

该知识库目前存有 65 653 份数据的元数据，其中大部分连接到获取请求设施或与收藏在其他开放知识库中的信息建立了链接。该知识库共有 8 830 份开放文档，每月下载量 46 758 次，新增数据 826 份，目前总容量为 0.25 太字节。南安普敦电子印刷知识库共有 3.2 名全职工作人员（包括 1 名技术人员，0.9 名资深编辑，1.2 名编辑和 0.1 名高级经理）。项目总开支 116 318 万英镑，其中人员开支 111 318 英镑，基础设施成本 5 000 英镑（该统计不包括于 2012 年并入主知识库的一个电子与计算机科学数据库）。知识库由南安普敦大学投资和管理，其电子印刷知识库服务器由南安普敦大学电子与计算机科学学院开发。

---

① 有关该资料库支持项目的调查报告摘要参见：http://www. rsp. ac. uk/pmwiki/index. php? n = Institutions. Summary. 有关各机构的详细分类参见：http://www. rsp. ac. uk/pmwiki/index. php? n = Institutions. HomePage.

南安普敦电子印刷知识库——服务内容	
提供、维护及开发平台?	是
多种格式或版本(例如 PDF、html、postscript、latex 多个修订版本的数据集)?	是
“前端”——访问网站页面?	是
注册与信息获取管理?	是
输入质量控制:与格式标准统一,适当的技术标准?	虽然在元数据方面比较强,但在这个问题上回答是肯定的。已经着手对收藏目标采用建议的存储格式,但还需在这一复杂领域深入实践
输入数量控制:确保社区覆盖面?	是
引入元数据和参考,说明作者、出处、实验或模拟背景?	是,一个新的数据项目意味着要针对知识库开展出处和背景信息等多方面的工作。目前只针对出版物开展了相关工作,尚未覆盖到数据
提供登录号?	是
提醒会员新增内容?	是,用户可设置提示功能
为数据引用及原作者归属提供途径?	是
支持或链接至相关分析工具(例如,可视化、统计等)?	统计可视化
度量与记录方面的影响:下载、数据引用?	是,下载,获取美国科学信息研究所引文数据库引文数
其他:与其他系统的整合—例如,用户/项目资料页,向内部及外部利益相关方汇报情况,以不同的格式引入/输出,包括开放数据 RDF 格式。	

6. DSpace@MIT

DSpace@MIT 创立于 2002 年,隶属美国麻省理工学院。该知识库主要用于保存、分享和研究麻省理工学院的数字研究资料,包括数量不断增加的会议论文、图像、经同行评议的学术文章、预印本、技术报告、论文、工作报告等广泛内容。

截至 2011 年 12 月，DSpace @ MIT 共存有53 365份文档，由 661 530个比特流构成。其持有的研究数据范围未做界定。没有对此做出要求主要是由于信息发布人有权将新增条目指定为“研究数据集”内容类型[①]。该资料库每月基于浏览器的文件下载大约有 100 万份，另外还有 130 万份基于采集器的文件下载。每月接收大约 700 个新条目的上传。资料库目前总规模是 1.1 太字节。就目前的服务范围来看，预计每年将增长 250 GB。

知识库有 1.25 名全职工作人员专门负责程序管理技术支持[②]。另外还有 1.5 名全职人员负责麻省理工学院开放获取教师文章（Open Access Faculty Articles，http://libraries. mit. edu/sites/scholarly/mit-open-access/open-access-at-mit/mit-open-access-policy/）的识别、获取、采集以及综合处理。

对麻省理工学院图书馆馆藏，如论文、技术报告系列、工作底稿等进行识别和管理并通过 DSpace 平台进行发布还需要额外的人员投入。这些支出独立于 DSPACE @ MIT，由服务平台以外的其他图书馆单位承担。资料库本身的总成本约为每年 26 万美元，其中约76 500美元属基础设施成本，大约 183 500 美元为直接或间接的人工成本。

DSpace@MIT——服务内容	
提供、维护及开发平台？	DSpace@MIT 是麻省理工各学科领域共享的一个知识库，由校图书馆具体运作，其平台提供、维护和开发均在内容完成。

① 该机构报告称我们的资料库中有 14 个条目是经这类的指定增设的，但是我们了解的情况是还有几十个未经界定的条目。

② 全职工作人员的分布为：开发人员 0.3 名，系统管理 2.5 人，程序管理员 0.6 名，运营人员 0.1 名。

（续表）

多种格式或版本（例如 PDF、html、postscript、latex 多个修订版本的数据集）?	支持多种格式，但并非获取数据时由系统自动生成。主要通过创建交叉引用链接和描述性文本等多项目来实现对多版本的支持。
“前端”——访问网站页面?	是
注册与信息获取管理?	是
输入质量控制:与格式标准统一，适当的技术标准?	根据学科领域来源和搜集目标的不同，可得到校图书馆不同程度的支持。与该图书馆协调其他一些项目类似，麻省理工开放获取论文库综合处理大量数据。但是，Space@MIT 服务不仅面向校内各院系，还向更广泛的科技界开放，并且很大程度上是不需要中介的（一些特定的收藏除外）——即不需要特别核查预收录的内容来决定输入的质量和完整性。
引入元数据和参考，说明作者、出处、实验或模拟背景?	系统对于输入元数据的能力提供支持，为提交者提供描述研究数据集的经验指导。指导内容包括建议创建数据集的硬件、软件和条件描述，文档格式描述以及数据再利用的要求。
提供登录号?	系统在内部创建提交内容识别器，可直接指向后端数据库请求。此外，每个条目都配有一个长期、持续和可引用的通用资源标识符（URI，与 DOI 类似）。目前这一工具还不能支持数据索引或其他文档层面的识别器（Dspace 条目可能包含多个文档）。
提醒会员新增内容?	是，用户可设置邮件提醒或通过 RSS 提示。
为数据引用及原作者归属提供途径?	是，每个条目配有一个长期、持续和可引用的 URI
支持或链接至相关分析工具（例如可视化、统计等）?	如果提交人添加了相关工具链接，可得到系统支持。但系统不包括内设的传播服务，如针对提交比特流进行可视化、分析或衍生等内容。

（续表）

度量与记录方面的影响：下载、数据引用？	知识库搜集内部使用统计数据，但不会公布或向作者/创建人/提交人提供这些数据。系统尚未追踪其内容后续被引用的情况。
度量与记录方面的影响：下载、数据引用？	是，下载，获取美国科学信息研究所引文数据库引文数
其他：以上大部分内容并未专门参考研究数据。Dspace@MIT是机构层面的知识库，服务内容覆盖整个麻省理工的研究和教学活动。因此，DSpace在设计时对所有格式都提供支持，但没有针对每种格式的特定描述、传播和搜索服务。而且，DSpace@MIT一直以来都是作为一个面向麻省理工各院系及研究共同体的非中介服务模式来推广的。 数据模型和元数据架构为相关条目在知识库内部和外部的注释提供了可能。进而实现了本地数据集与外部发表论文的链接关系，也可在条目间建立起联系。此外，DSpace@MIT还支持知识共享许可的应用。	

7. 牛津大学研究档案及数据银行

牛津大学研究档案（ORA）及数据银行（DataBank）是牛津大学波德林（Bodleian）图书馆数字馆藏的组成部分。牛津大学研究档案主要收藏出版物，也包括一些文字类文件。数据银行专门收藏数字文档，开发较完备。数据银行作为英国信息系统委员会资助的达马罗（Damaro）项目还在进一步开发当中，未来将成为牛津大学研究数据基础设备中的一项服务。

波德林图书馆也在开发一项研究数据分类（DataFinder），以便记录牛津大学研究数据的相关元数据，从而发现数据集。牛津大学研究档案和数据银行分别建立于2007年和2008年，目前都还在开发当中。

牛津大学研究档案现存有14 500份文件，每个月下载量为1 100次。数据银行存有12个数据集，下载量不详。牛津大学研究档案每月上载量约100次，不包括大批量获取。数据银行的寄存界面目前还在开发当中,需要辅助进行寄存。其服务并未广泛宣传。

牛津大学研究档案共有2.5名全职工作人员(包括0.5名经理、1名开发员和1名助理)。数据银行的人员与牛津大学研究档案有重叠,具体数字不详。牛津大学研究档案及数据银行均隶属于波德林图书馆,总体运营成本不详。数据银行经费在大学内部研究确定。牛津大学研究档案使用费多拉(Fedora)系统,数据银行使用牛津数字资产管理系统(DAMS)。

牛津大学研究档案及数据银行——服务内容	
提供、维护及开发平台?	是
多种格式或版本(例如PDF、html、postscript、latex多个修订版本的数据集)?	格式不详。可能的情况下建议使用开放格式。数据银行中所有数据集应该是"可发表"的,因而是可以确定DOI的。可接受更新版本(可以通过DOI标明版本。)
"前端"——访问网站页面?	是
注册与信息获取管理?	经批准可开放获取。未经许可的内容禁用。
输入质量控制:与格式标准统一,适当的技术标准?	从知识库角度来讲,回答是肯定的。
引入元数据和参考,说明作者、出处、实验或模拟背景?	目前已着手要求数据的数据索引内核,也可能要求其他的领域(如权利等)(有待讨论)
提供登录号?	每个条目配有通用唯一识别码(UUID)和内部系统PID
提醒会员新增内容?	牛津大学研究档案:(首页设置);RSS摘要;微博
为数据引用及原作者归属提供途径?	数据集使用DOI识别;知识库的所有条目使用UUID识别;目前配置了PURL分解器;采用DataFinder提供包括牛津数据(即使数据没有收藏在牛津本校也可实现该功能)定位在内的记录服务。

（续表）

支持或链接至相关分析工具（例如可视化、统计等）?	牛津大学研究档案：统计分析（Piwik）
度量与记录方面的影响：下载、数据引用?	牛津大学研究档案：记录评估与下载
其他服务（如有需要可另加行）	数据集配置 DOI（DataCite）
其他：数据银行目前尚未完全运行（寄存和搜索功能正在开发中，用户界面也在设计中。）知识库中有一小部分数据集可通过准确域名免费获取。达马罗项目正开发 DataFinder，未来这个项目还将涉及政策、可持续性以及培训。与达马罗平行的将是牛津 DMPd 在线项目，有一名专人负责。知识库基本服务内容有望在 2013 年启动。牛津大学研究档案目前规模不大还在开发当中。博士论文课题数量有所增加（出于机构要求）。牛津大学研究档案正在推广采用耦对实现便捷寄存，也计划在可能的条件下开展大批量上载服务。	

附录四

鸣谢、证据提交、研讨会以及专家咨询

英国皇家学会对美国大卫和露西尔·帕卡德基金会、科恩基金会以及皇家学会会士汤姆·麦奇洛爵士的经费资助表示衷心的感谢。

证据提交

以电子邮件方式提交证据的人员：

- 希拉·M·伯德(Sheila M Bird)，英国皇家统计学会(RSS)教授
- 马克·布拉迈尔(Mark Blamire)，剑桥大学设备材料学教授
- 乔纳森·布鲁恩(Jonathan Brüün)，英国药理学会传播与业务发展部主管
- 大卫·卡尔(David Carr)，维康信托基金会政策顾问
- 李-安·科尔曼(Lee-Ann Coleman)，大英图书馆科学、技术与医学部主管
- 斯蒂芬妮·戴克(Stephanie Dyke)，桑格研究所政策顾问
- 约书亚·甘斯(Joshua Gans)，多伦多大学技术创新与创业斯

库尔讲席教授，战略管理学教授

- 威廉·哈迪（William Hardie），爱丁堡皇家学会咨询人员
- 曾希尔·卡纳普特（Yuecel Kanoplat），土耳其科学院土耳其学院院长，教授
- 迈克尔·J·凯利（Michael J Kelly），剑桥大学菲利普亲王（Prince Philip）技术教授
- 艾伦·帕尔默（Alan Palmer），英国社会科学院高级政策顾问
- 安佳娜·帕特尔（Anjana Patel），独立意见，博士
- 雷切尔·奎因（Rachel Quinn），英国医学科学院政策顾问，博士
- 莱昂诺尔·塞拉利昂（Leonor Sierra），感受科学（Sense About Science）国际科学政策顾问，博士
- 海伦·华莱士（Helen Wallace），英国基因观察组织（GeneWatch UK）负责人
- 伦敦大学学院副教务长（研究）办公室

网上提交证据的人员：

- 海伦·安东尼（Helen Anthony），英国国家物理实验室项目主管，博士
- 尼古拉斯·巴恩斯（Nicholas Barnes），气候代码基金会（Climate Code Foundation）理事
- 希拉·M·伯德（Sheila M Bird），英国皇家统计学会公共数据采集工作小组组长，皇家统计学会前副会长，教授
- 查斯·博尼特（Chas Bountra），加州大学旧金山分校医学院塞得商学院，博士
- 伊恩·博伊德（Jan Boyd），主任，教授

- 亚撒卡洛(Asa Calow),实验室组织负责人(该组织情况详见 http://madlab.org.uk)
- 伊恩·查默斯爵士(Sir Iain Chalmers),詹姆斯·林德协会协调员
- 大卫·德·若勒(David De Roure),英国经济与社会研究理事会电子社会科学部国家战略研究主管
- 以马利(Emmanuel)
- 萨迈 ·赫劳什(Sameh Garas),艾雷多集团公司高级主管,博士
- 埃罗尔·哥伦比(Erol Gelenbe),英国计算研究委员会执行委员会,教授
- 阿玲·戈布尔(Carole Goble)、教授
- 伯纳德·戈丁(Bernard Godding)
- 安·格兰特(Ann Grand)
- 伊沃·格里戈罗夫(Ivo Grigorov),项目官员,博士
- 崔西·格罗夫斯(Trish Groves),《英国医学杂志》副总编辑,《英国医学杂志》开放期刊总编辑,博士
- 斯蒂文·哈纳德(Stevan Harnad),教授
- 托尼·赫斯特(Tony Hirst),讲师,博士
- 泰莎·霍利约克(Tessa Holyoake),格拉斯哥大学教授
- 拉尔夫·G·乔纳森(Ralph G. Jonasson),独立意见,博士
- 安德鲁·刘易斯(Andrew Lewis),斯缪系统有限公司
- 菲利普·罗德(Philip Lord),讲师,博士
- 埃德加·R·麦考威尔(Edgar R. McCarvill)
- 珍妮·莫洛伊(Jenny Molloy),开放知识基金会“科学开放数据”工作组协调员

- 彼得·马尔伯里(Peter Mulderry)
- 卡梅伦·内伦(Cameron Neylon),博士
- J·D·帕森(J.D. Pawson)
- 帕维尔·索博克维茨(Pawel Sobkowicz),博士
- 克洛伊·萨默斯(Chloe Somers),英国研究理事会研究政策主管
- 伊莉莎白·韦杰(Elizabeth Wager),出版伦理委员会(COPE)主席,博士
- A·C·沃德洛(A.C. Wardlow),名誉教授
- 史蒂夫·伍德(Steve Wood),英国信息专员办公室政策执行主管
- 肯尼特夫人(Lady Kennet)(伊丽莎白·杨)

2011 年 5 月 3 日,举办证据采集第一次分组会议。

- 西蒙·贝尔(Simon Bell),大英图书馆战略合作伙伴及特许部主管
- 凯文·弗雷泽(Kevin Fraser),英国司法部欧盟及国际数据保护部主管
- 奥黛丽·麦卡洛克(Audrey McCulloch),英国学会与专业协会出版商联合会执行主任,博士
- 西蒙·坦纳(Simon Tanner),伦敦大学国王学院数字咨询服务中心主任
- 马克斯·威尔金森(Max Wilkinson),大英图书馆数据集项目成员,博士

2011 年 6 月 7 日,分别举办证据采集第二次分组会 A 组及 B 组

会议。

- 罗斯·安德森(Ross Anderson),剑桥大学安全工程教授
- 德碧·阿申登(Debi Ashenden),克兰菲尔德大学信息及系统工程系高级讲师
- 安迪·克拉克(Andy Clark),初级关键联营有限公司理事
- 杜威·科尔夫(Douwe Korff),伦敦大都会大学国际法教授
- 托比·史蒂文斯(Toby Stevens),企业隐私小组理事

2011年6月9日,在南岸中心举办开放会议,发言人包括:

- 大卫·多布斯(David Dobbs),科学专栏作家
- 威廉·达顿(William Dutton),牛津大学牛津互联网研究所
- 斯蒂芬·艾默特(Stephen Emmott),微软研究院计算科学部主管
- 蒂莫·汉内(Timo Hannay),“数字科技”公司数字科学常务理事
- 卡梅伦·内伦(Cameron Neylon),英国科学技术设施理事会资深科学家
- 保罗·纳斯爵士(Sir Paul Nurse),英国皇家学会会长
- 夏洛特·韦德(Charlotte Waelde),英国埃克塞特大学知识产权法教授

2011年8月5日,举办“大数据集及数据密集型科学”证据采集分组会议。

- 菲尔·布彻(Phil Butcher),维康信托基金会桑格研究所信息技术主管
- 大卫·科林(David Colling),伦敦帝国理工学院高能物理小组

成员，博士

- 伊恩·戴尔蒙德(Ian Diamond)，阿伯丁大学校长，教授
- 安东尼·霍洛威(Anthony Holloway)，曼彻斯特大学焦德雷尔·班克天体物理中心及焦德雷尔·班克天文台计算中心主任，博士。
- 萨拉·杰克逊(Sarah Jackson)，英国气象局首席顾问，博士
- 安妮·特雷费森(Anne Trefethen)，牛津大学牛津研究中心主任，教授

2011 年 8 月 5 日，举办“数字综合处理”证据采集分组会议。

- 凯文·阿什利(Kevin Ashley)，数字综合处理中心主任，博士
- 迈克尔·朱布(Michael Jubb)，研究信息网络主任，博士
- 安吉拉·麦凯恩(Angela McKane)，英国石油公司信息能力建设部经理
- 斯蒂芬·潘富达(Stephen Pinfield)，英国诺丁汉大学信息服务中心首席信息官，博士
- 大卫·肖顿(David Shotton)，牛津大学研究组主管，博士

2011 年 9 月 1 日，围绕《发现的革新》(*Reinventing Discovery*)一书举办政策研讨会。该书作者、曾在周边理论物理学研究所(Perimeter Institute)工作的物理学家迈克尔·尼尔森(Michael Nielsen) 作了发言。

2011 年 10 月 21 日举办未来图书馆发展证据讨论会。

- 克里斯·班克斯(Chris Banks)，阿伯丁大学图书馆馆长兼图书馆特别藏品及博物馆部门主任

- 雷切尔·布鲁斯(Rachel Bruce),英国联合信息系统委员会数字基础设施创新总监
- 埃伦·柯林斯(Ellen Collins),研究信息网络研究主任
- 利兹·里昂(Liz Lyon),巴斯大学"英国图书馆与信息网络办公室"(UKOLN)主任
- 斯蒂芬·潘富达(Stephen Pinfield),英国诺丁汉大学信息服务中心首席信息官,博士
- 菲尔·赛克斯(Phil Sykes),利物浦大学图书馆馆长
- 西蒙·坦纳(Simon Tanner),伦敦大学国王学院数字咨询服务中心主任

2011 年 12 月 2 日举办大学校长圆桌会议。

- 奈杰尔·布朗(Nigel Brown),爱丁堡大学资深副校长,负责规划、资源与研究政策
- 伊恩·戴尔蒙德(Ian Diamond),阿伯丁大学校长,教授
- 克里斯托弗·赫尔(Christopher Hale),英国大学联盟(Universities UK)政策部副主任
- 克里斯托弗·希金斯(Christopher Higgins),杜伦大学教授
- 里克·特雷纳爵士(Sir Rick Trainor),伦敦大学国王学院校长兼社会历史学部主席,教授

2011 年 11 月 10 日举办开放数据及经济竞争力圆桌会议。

- 山姆·比尔(Sam Beale),罗尔斯·罗伊斯公司技术战略总监,博士
- 哈德利·比曼(Hadley Beeman),英国技术战略委员会
- 阿拉斯代尔· 布雷肯里奇(Alasdair Breckenridge),英国药品

与保健产品监管署主席，教授

- 埃伦·柯林斯(Ellen Collins)，研究创新网络研究人员
- 安迪·科什(Andy Cosh)，剑桥大学商业研究中心“企业与创新计划”助理主任，博士
- 帕特里克·邓利维(Patrick Dunleavy)，伦敦政治经济学院LSE政治学与公共政策教授
- 托尼·希克森(Tony Hickson)，帝国理工创新公司常务董事，负责技术转移工作
- 彼得·奈特爵士(Sir Peter Knight)，英国物理学会理事长，教授
- 布赖恩·马斯登(Brian Marsden)，牛津大学结构基因组协会首席研究员，博士
- 托尼·雷文(Tony Raven)，剑桥大学“剑桥企业”行政总裁，博士

2011 年 11 月 21 日英国皇家学会、爱丁堡皇家学会、经济与社会研究理事会基因组政策与研究论坛等机构共同主办“科学与公共利益”研讨会，从社会科学角度讨论相关证据。发言人包括：

- 杰弗里·博尔顿(Geoffrey Boulton)，爱丁堡大学皇家地质学名誉教授
- 伊恩·吉莱斯皮(Iain Gillespie)，经济与社会研究理事会基因组学网络客座教授，博士
- 杰克·斯蒂尔格(Jack Stilgoe)，英国埃克塞特大学商学院高级研究员，博士
- 安德鲁·斯特林(Andrew Stirling)，苏塞克斯大学科技政策研究中心科技政策教授

- 史蒂夫·依尔雷(Steve Yearley),经济与社会研究理事会基因组政策与研究论坛主席,教授

2011年11月21日,英国皇家学会和英国爱丁堡皇家学会共同举办“科学走向开放的依据与方式”公众开放辩论及专家组讨论。讨论嘉宾包括:

- 杰弗里·博尔顿(Geoffrey Bonlton),爱丁堡大学皇家地质学名誉教授
- 肯尼思·卡尔曼爵士(Sir Kennth Calman),格拉斯哥大学名誉校长
- 格雷姆·劳瑞(Graeme Laurie),爱丁堡大学法医学教授
- 威尔逊·西贝特(Wilson Sibbett),圣安德鲁斯大学物理系教授
- 史蒂夫·依尔雷(Steve Yearley),英国经济与社会研究理事会基因组学政策与研究论坛主席、教授

2011年11月30日,挪威科学与文学学院、英国皇家学会和卑尔根大学学院共同举办“开放科学数据”研讨会。引导发言人包括:

杰弗里·博尔顿(Geoffrey Boulton),爱丁堡大学皇家地质学名誉教授

- 奥莱·莱鲁姆(Ole Laerum),盖德研究所实验病理学与肿瘤学教授
- 特鲁尔斯·诺比(Truls Norby),奥斯陆大学化学系教授
- 英格·塞得烈(Inger Sandlie),奥斯陆大学教授

2011年12月14日,在布鲁塞尔中心举办研讨会。发言人包括:

- 克里斯托弗・贝斯特(Christoph Best),谷歌英国有限公司高级软件工程师,博士
- 多纳泰拉・卡斯泰利(Donatella Lastelli),意大利国家研究理事会 D4Science 项目协调人,博士
- 罗杰・埃利奥特(Roger Elliott),欧洲科学院联盟(ALLEA)知识产权常设委员会成员,教授
- 康斯坦丁・格利诺斯(Konstantinos Glinos),欧盟委员会信息社会与媒体总司(DG INFSO)全欧科研与教育网络(GEANT)及电子基础设施处处长,博士
- 沃特・洛斯(Wouter Los),生命观测公司项目负责人,教授
- 洛朗・罗马里(Laurent Romary),马普学会数字图书馆前主任、国际文字编码组织理事会主席,教授
- 约瑟夫・斯特劳斯(Joseph Straus),马普学会知识产权与竞争法研究所教授,博士

2012 年 1 月 27 日举办圆桌会。

- 塞巴斯蒂安・阿纳特(Sebastian Ahnert)剑桥大学卡文迪什实验室凝聚态理论组(TCM)成员,博士
- 尼古拉斯・格莱斯里(Nicholas Grassly),伦敦帝国理工学院传染病流行病学系教授
- 弗朗西斯・吉金斯(Francis Jiggins),剑桥大学遗传学系,博士
- 卡伦・立卜克(Karen Lipkow),剑桥大学生物化学系,博士
- 克里斯托弗・马丁(Christopher Martin),牛津大学神经科学学部,博士
- 杰西卡・梅特卡夫(Jessica Metcalf),牛津大学新型传染病研究所,博士

- 艾米莉·纳斯(Emily Nurse),伦敦大学学院物理与天文学系,博士
- 大卫·佩恩(David Payne),伦敦帝国理工学院材料系,博士
- 科林·罗素(Colin Russell),剑桥大学动物学系,博士
- 保罗·威廉姆斯(Paul Williams),雷丁大学气象学系,博士

2012年2月15日,举办“计算机建模”圆桌讨论会。

- 尼克·巴恩斯(Nick Barnes),气候代码基金会董事会成员
- 尼尔·弗格森(Neil Ferguson),伦敦帝国理工学院数学生物学教授
- 蒂姆·帕尔默(Tim Palmer),英国皇家学会气候物理学研究教授,牛津大学耶稣学院教授级研究员
- 约翰·谢泼德(John Shepherd),南安普敦大学国家海洋学中心教授
- 阿德里安·萨顿(Adrian Sutton),伦敦帝国理工学院物理系教授
- 西蒙·塔瓦雷(Simon Tavare),剑桥大学应用数学和理论物理系教授
- 西蒙·邰蒂(Simon Tett),爱丁堡大学地球系统动力学教授
- 艾伦·威尔逊(Alan Wilson),伦敦大学学院城市与区域系统教授

围绕本书所涉及的一些问题,我们与相关的国家级学术机构进行了有益的探讨,其中包括中国科学院、美国国家科学院以及挪威科学与文学学院等。

意见咨询

我们同时感谢以下个人对本书所做的重要贡献，他们分别就书的内容界定以及初稿提出了宝贵意见：

- 彼得・布尼曼(Peter Buneman)，英国皇家学会院士，爱丁堡大学信息学院教授
- 蒂姆・克拉克(Tim Clarke)，哈佛医学院麻省总医院神经退行性疾病研究所，生物信息学主任兼神经内科学导师，教授
- 杰夫・史密斯(Geoff Smith)，英国皇家学会院士，剑桥大学病理学系教授

索　引

E

F

G

H

I

Q

R

S

T

U

V

W

Y

译后记

2012 年 7 月，中国科协王春法书记一行访问英国皇家学会。英国皇家学会副会长马丁·波利亚科夫(Martyn Poliakoff)教授等向代表团介绍了皇家学会刚刚完成的《科学：开放的事业》报告。经征得皇家学会同意，我们决定翻译这份报告。

《科学：开放的事业》中文版的问世是多方合作的成果。中国科学技术协会调研宣传部对报告的翻译出版给予了专项资助，并将此书纳入《决策科学化译丛》第二辑。英国皇家学会在本书版权方面给予了合作并组织专家参与审校工作。中国科协书记处书记王春法博士、中国科协调研宣传部副部长罗晖女士、中国科学学与科技政策研究会方新研究员以及中国驻英国使馆科技处陈富韬公参对翻译和出版工作十分重视并给予了大力支持。陈富韬公参亲自带领驻英国使馆科技处的同志们开展了翻译和审校工作。

报告中文版各章节的翻译分工是：目录、工作小组、摘要、建议、数据术语及第一章由郭东波承担；第二章由王仲成承担；第三章、第四章由胡志宇承担；第五章由李振兴承担；词汇表及附录部分由何巍承担。

陈富韬、何巍共同承担了全书的审校工作。

在此基础上，中国科学院计算机网络信息中心科学数据中心主任黎建辉研究员及中国科学院国家科学图书馆顾立平副研究员也投入大量时间进行了认真的审校、修改和标识，务求完美。其间中科院院士工作局的王振宇处长正在英国皇家学会工作，他多方协调，对审校工作起到重要的沟通和推动作用。在本书的筹划、出版过程中，上海交通大学出版社的李广良、史亚仙，中国科学学与科技政策研究会温珂、中国科协发展研究中心施云燕等付出了大量劳动，在此一并致谢。

译者